把生活过成你想要的样子

兴趣的发现

关于
缝纫
园艺
咖啡
摄影
……
的故事

图书在版编目（CIP）数据

兴趣的发现：把生活过成你想要的样子/（韩）高珉淑著；程匀译. -- 北京：华夏出版社，2018.10
ISBN 978-7-5080-9443-4

Ⅰ.①兴… Ⅱ.①高…②程… Ⅲ.①兴趣－培养－通俗读物 Ⅳ.①B848.3-49

中国版本图书馆 CIP 数据核字（2018）第 056538 号

Copyright © 2014 by 고민숙（高珉淑 KO MIN SOOK）
All Rights Reserved.
Original Korean edition published by Cheong Publishing
Simplified Chinese translation copyright © 2018 by Huaxia Publishing House

Simplified Chinese Character translation rights arranged with Cheong Publishing through Easy Agency and YOUBOOK AGENCY,CHINA

本书中文简体字版权由玉流文化版权代理独家代理。

版权所有，翻印必究。
北京市版权局著作权合同登记号：图字 01-2015-1630 号

兴趣的发现：把生活过成你想要的样子

作　　者	［韩］高珉淑
译　　者	程　匀
责任编辑	布　布
美术设计	殷丽云
责任印制	刘　洋
出版发行	华夏出版社
经　　销	新华书店
印　　刷	北京华宇信诺印刷有限公司
装　　订	三河市少明印务有限公司
版　　次	2018 年 10 月北京第 1 版　2018 年 10 月北京第 1 次印刷
开　　本	720×1030　1/16 开
印　　张	12
字　　数	200 千字
定　　价	68.00 元

华夏出版社　网址:www.hxph.com.cn　　地址：北京市东直门外香河园北里4号　邮编：100028
若发现本版图书有印装质量问题，请与我社营销中心联系调换。电话：（010）64663331（转）

兴趣的发现

把生活过成你想要的样子

关于
缝纫
园艺
咖啡
摄影
……
的故事

[韩]高珉淑 著·摄影
程 匀 译

缝纫

钩花

刺绣

旧物改造

收藏

园艺

咖啡

摄影

旅行

目录

PROLOGUE	SEWING	KNITTING
作者序	装点那些美好的回忆	又一件有趣的小事
	缝 纫	钩 花
	001	037

	GARDENING	COFFEE
	院子里的游戏	用咖啡香气叫早
	园 艺	咖 啡
	101	119

EMBROIDERY
与自己寂静独处的时间
刺　绣
059

REFORM
小改造，大不同
旧物改造
073

VINTAGE
旧物带来的浪漫
收　藏
089

PHOTOGRAPH
记录家人的每一天
摄　影
133

TRAVEL
让普通的日子变得不一样
旅　行
149

我最喜欢的事情

缝纫、钩花、刺绣、旧物改造、收藏、园艺、咖啡、摄影、旅行……我爱这些兴趣，也爱因这些兴趣而变得无比浪漫的生活！

kk，最近又有什么新发现？

PROLOGUE

作者序

结束都市生活,来到远离人群的乡下,不知不觉已经过去了九年。这段时间,爱好对于我来说,就像个好朋友。它有时只和我一人相处,有时也会与周围人打成一片。在生活中慢慢培养出来的兴趣爱好,让我的每一天都过得无比充实。

在我第一个孩子刚满周岁的时候,我学会了缝纫;想把乡下的房子重新装饰一番,就开始自己动手翻新旧家具;只因为女儿的一句话,生平第一次拿起了钩针;搬进带院子的房子,摆弄花花草草自然成了生活的一部分;孩子们在一天天长大,丈夫制作的陶瓷和我的手工艺品也越来越多,唯有相机能记录下这一切;萦绕在舌尖的香气让我对咖啡欲罢不能,特别是自己冲泡的才够味……这些美好的事物不断激发着我的好奇心,当我一旦发现"感觉对了",就会把它们一一变为我的爱好,让它们每天陪伴着我。

不知从何时起,我开始乐于和其他人分享我的兴趣爱好,也会积极向那些没什么特别爱好的人推荐适合 Ta 的爱好。周围很多人认为我一定有着生来就很优秀的动手能力和审美,但其实喜欢一件事并不需要特殊的才能。如果你对一件事感兴趣,不要犹豫,立即行动起来吧。兴趣是最好的老师,它会带着你一步一步深入其中。一段时间后,这种专注的精神可能还会延伸到其他让你感兴趣的领域,新的爱好就会接二连三地出现了。

发现兴趣的过程,也是认识自我、了解他人、享受生活的过程。

这本书记录了我的一些兴趣爱好,还提到了如何自己找到兴趣爱好的方法。虽然写得并不算太好,但只要有人在看过这本书后,萌生了发现兴趣的念头,我就会感到喜悦与欣慰。

"你的爱好是什么呢?"

生活在浪漫乡下的 kk

兴趣的发现

一
——

SEWING

装点那些美好的回忆 | 缝　纫

　　相机能够永久记录瞬间的美好，缝纫也可以。不同颜色的布料，把我和家人的生活拼在一起，一针一线在布料上游走，记录着我和孩子们的幸福时光……

　　我爱缝纫。

我对缝纫的初印象

　　一年到头忙农活的母亲,只要一有空,就把布包拿出来放在膝盖上,掏出针线开始缝缝补补。或是将竹子劈成细条,编成篮子。总待在母亲身边的我,摸着那些花花绿绿的布料,也逐渐萌生出想要自己动手做点什么的念头。

　　一天,母亲把一件已经过时的旧韩服剪开,摆弄了一会儿就做出了一个圆圆的垫子,用来垫她心爱的搅拌机。母亲的韩服是红色的,上面还有蕾丝,用这么美的布料做出的垫子当然也漂亮得很。年幼的我看着好不羡慕,竟然趁母亲不注意,偷偷把外面的一圈蕾丝剪了下来,给自己经常玩的布娃娃做了一条裙子。现在回想起来,那时的我多不懂事啊,然而母亲却假装没发现,放过了我。这就是我和缝纫的第一次亲密接触。

　　现在,我的儿子和女儿(太郎和海兰)好像也遗传了我的"好动"基因,只要看到我在做什么,就马上吵着也要自己做。每当这时我就会想起母亲,便会开心地教孩子们怎么拿针,怎么穿线,还会拿出很多的布料,让他们随便拿着玩儿。当然,如果他们拿了我心爱的布料,我还是会偷偷拿走换掉的。

妈妈亲手做的衣服

　　太郎和海兰小时候的很多衣服都是我给他们做的。记得那是太郎刚学会走路的时候，我给他做的第一件衣服是用比较厚实的牛津布做的背带裤。牛津布很厚，特别是有褶皱的地方，缝起来异常费力，我的手指经常被磨得很疼。不过，当看到可爱的太郎穿着我为他做的衣服，摇摇晃晃地在我身边走来走去的时候，之前所有的疼痛都被抛到了脑后，马上就开始为下一件衣服做准备了。

　　这之后，我专门买了一台缝纫机，缝纫技术也突飞猛进，不但给太郎做了周岁生日的小礼服，就连海兰的韩服我也包办了。他俩在幼儿园期间穿的衣服几乎都是我亲手做的。虽然我的手艺远不如专业裁缝，但孩子们特别喜欢穿妈妈做的衣服，总爱在小伙伴面前"显摆"。看到他们这么开心，我更是干劲十足。后来我把这两位"专属嫩模"和我为他们做的衣服放到了我的博客里，得到了很多人的称赞。虽然衣服做得并不完美，但每当看到这些衣物，就会想起孩子们当时的一颦一笑，以至于后来竟然一件都不舍得扔。

01　红色夹克最开始是为太郎做的，后来海兰也穿了很久。
02　迷彩系列的帽子、T恤和裤子，我的太郎像不像一个小士兵？
03　太郎小时候总被周围人说像女孩，可能跟他经常穿较为中性的衣服有关吧。比如这件，浅绿色的风雨衣。
04　浅蓝色牛仔布做的帽子和百褶裙，把海兰打扮得像个洋娃娃。
05　一针一线缝制的周岁韩服。
06　模仿成衣，带有拉拉队服概念的夹克和伞裙。
07　为太郎和海兰做的泳衣，因为是有弹性的布料，竟然穿了很久。

01 用冬季衣服布料制作的粉色夹克,在DIY图样的基础上增加了一些小细节。
02 看了一本日本制衣书,学做了一件类似海魂衫的连衣裙。
03 海兰三岁时,用粉色圆点布料制作的小裙子。
04 为海兰手工缝制的婴儿连体衣。
05 第一件手工缝制的衣服——太郎的连体衣。
06 太郎周岁生日前,用牛仔布制作的小衬衫。
07 给太郎做的格子背带裤,后来海兰也穿过。
08 太郎和海兰很爱穿的滑雪服,去雪橇场和滑雪场的时候穿,下雪时在院子里玩儿的时候也穿。

也许有一天会成为古董的"妈妈制衣"

做衣服的时候，偶尔我会问孩子们："你们长大以后，妈妈做的衣服应该留给谁呀？"每次他俩都抢着说要留给自己，从来没说过"用不着"或者"无所谓"。看来他们比我小时候懂事。当年的我年少懵懂，长大才明白"妈妈制衣"的意义所在。现在每次回娘家，我都会愣愣地望着母亲的衣橱出神。

我的孩子们好像已经明白了"妈妈亲手缝制的衣服"的珍贵含义。我开始好奇，当太郎和海兰长大以后，这些带有宝贵回忆的、我一针一线缝制出来的衣服会给他们带来怎样的感受？

"在你们成长的过程中，偶尔也会犯错的妈妈也许会给你们留下伤心的回忆，但当你们看到这些妈妈当年倾注心血精心缝制的衣物时，能回想起童年的幸福时光，能感受到哪怕一点点的妈妈的爱，我就知足了。"

一般人都是在翻看小时候的相册时勾起回忆，而我的孩子们应该还能看着衣服回忆吧？摸着仿佛还残留着体香的衣服，回忆起当年穿着这些衣服的那个小小的身躯，和那些经历过的事……

 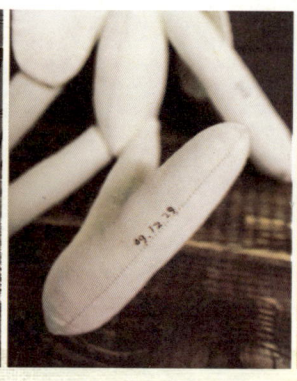 

老公的第一件夹克

婚后，很久没有抛头露面的老公打算举办个人陶瓷作品展示会。作为老婆的我，很想送件有意义的礼物给他。我想，既然孩子们的衣服都是我做的，不如趁这个机会，也亲自给老公做件衣服吧。

从确定款式、选择布料，到量体裁衣……成年男子的衣服比童装不但大出好几倍，而且制作工艺也更加复杂。即便每天晚上都埋头苦干，也花了近一周的时间才完工。衣服做好后，我把它悄悄地挂在衣柜里，又在口袋里塞进了一张小卡片，以确保老公能在展示会当天早上看到它。总之，说起玩浪漫，我可是专家哦！

可是，不知道是不是哪里做得不好，展示会结束后，老公总是找各种借口不穿这件外套。"唉，我可是花了不少心思，还做的这么棒，居然有人不领情。"不过，我转念一想，说不定许多年后，太郎会看上这件复古风的外套，穿着它去参加大学入学典礼呢。哈哈！

妈妈的青春小包
做法 p.26

　　天气转凉后，适宜使用那些能给人带来温暖感觉的颜色和质地的包包。我把手头有的棉质布料拿出来，考虑做个应景的小挎包。比对布料的时候，我突然冒出了一个想法——不如再增加几种不同材质的布料，把它们拼在一起，看看会有什么效果？于是，我找到那个装有我从结婚前到刚结婚这段时间穿过的衣服的箱子，开始东挑西拣。最后入选的衣服有大学毕业面试时常穿的呢子外套、因手工制作而价格昂贵的两面穿外套、迷你裙，还有海兰小时候穿过的小外套。看着自己结婚前的衣服，不免阵阵发笑。我怎么会穿这么小的衣服走来走去啊？仔细回忆了一下，好像那会儿流行穿小一码的衣服，因为大家都觉得那样更显身材。呵呵！总之，我把带有我青春回忆的衣服和带有孩子童年回忆的衣服一一剪开，和现有的棉质布料拼在一起，制作出了一个带有母女温暖回忆的小挎包。

　　脑海中总有一幕时常浮现在眼前：母亲在满是阳光味道的被单上铺满雪白蓬松的棉花，用白色的棉线一行一行地缝制被褥，年幼的我则在被子里钻来钻去，咯咯地笑个不停。

　　结婚前，婆婆执意亲手缝制了几床被褥送给我们。但棉被重，又不方便洗，被我放在柜子深处闲置了很多年。自己内心深处免不了带有一丝愧疚之情。后来，我用带有浅色蝴蝶花的布料给被子做了一个被罩，在天气晴朗的日子，把被子挂在晾衣绳上，啪啪地拍打着，赋予它们新的生命。

　　白色的被褥在风中轻轻摆动，唤回了我儿时的回忆。现在的我，不就像当年的母亲吗？

带有岁月痕迹的毯子

做法 p.27

　　经常做缝纫的人,手边会多出很多边角料。大小不一,材质不同,看起来似乎没什么用处,但我却非常爱它们,舍不得扔。一天,我把满满一包边角料一一铺开,再拼接成型,做出了一个大靠垫。但是用起来却发现,在一个并不大的家里,个头有些大的靠垫反而成了"鸡肋",有些碍事。我依旧舍不得扔,便把里面的棉花掏出来,将外面的套子剪开,又加了几块布头拼起来,做成了一条毯子,在家的时候可以放在膝盖上保暖。后来孩子们很喜欢,就连出门时也要带着。

用回忆拼接而成的毯子，
继续和我们一家创造着新的回忆。

给平凡的生活加些"料"!
生活需要浪漫来点缀,这样日子才会过得有滋有味。

——摘自《浪漫的乡村生活》《浪漫的围裙》篇

生活中的小浪漫——半身围裙

做法 p.28

洗碗的时候，为了衣服不被水溅湿，一般都会围上能挡住胸口和下半身的围裙，这种围裙非常实用。但我个人却更喜欢简单系在腰间的半身围裙。只要我在家干活，便会习惯性地系上它。除了洗碗，在冲咖啡、做针线活或打扫院子的时候也会用到。在连衣裙或长裙外面系上半身围裙，还会平添几分浪漫的气息，让人更有女人味。所以有时家里来客人，我甚至会特意从晾衣绳上摘下围裙赶紧系上。挂在晾衣绳上的可爱围裙，也是一道亮丽的风景。

在腰部增加一些褶皱，再缝上两根带子，就是一件简单的半身围裙。可不要小看了它，系上它，普通的家务劳动也会充满乐趣。

咖啡包装袋都舍不得扔掉?
嗯,那就留着吧!

咖啡麻袋包

做法 p.29

　　不知从何时起，热爱咖啡的我开始对保存咖啡的麻袋也产生了兴趣。略微粗糙的材质反而显得自然亲切，不同的咖啡产地也会有不同的图案和文字，这对于喜欢收藏和旧物翻新的我来说，无疑是具有吸引力的。我用咖啡麻袋做了几个设计非常简单的拎包，既可以当买菜包，也可以利用其通风透气的材质来保存蔬菜。

带有十字绣图案的茶壶保温罩

做法 p.30

这是我用一块印有"Sweet Home"十字绣风格字样的布料做成的茶壶保温罩。上面点缀的刺绣小花是我的DIY，更增添了几分温暖的感觉。去年我们举办了两次"李子树下的聚餐"活动，装饰餐桌当然也是一项必不可少的任务。有了这个为茶壶保暖的保温罩，红茶的热度保持得更加持久，味道似乎也更加醇厚了。

来自陶艺家老公的礼物——鹅卵石茶壶

这是老公为我这个爱上红茶的老婆准备的一份惊喜——世界上独一无二的茶壶！最有魅力的部分就是茶壶盖上的那块鹅卵石。为了能和家人朋友们在一起享受更多的红茶时光，我又试着做了一个保温罩。

什么叫茶壶保温罩？

茶壶保温罩（tea cozy），顾名思义，是泡茶时用来保持茶壶和茶水温度的罩子。制作时一般会在布料里面填充棉花或鸭绒。茶壶保温罩起源于1860年的英国，风格趋于华丽，大都缀满彩珠或是绣上各种绚丽的刺绣图案。对于热爱红茶的英国人来说，它既是一种生活必需品，也是体现个人风格的装饰品。

制定年度计划的仪式——给日记本缝制"外套"

做法 p.31

记得小时候,每到快开学时,家家户户都在忙着包书皮。那时的书皮大都是塑料或纸质的。现在,日记本代替了书本,为日记本缝制"外套"成了我每年年初的必备功课。用不同材质和图案的布料装饰日记本,心中暗暗期许这一年的生活也会如这多彩的封皮一样,变得有趣和特别。这厚厚的一摞日记本,记录着我努力生活的点点滴滴,看到它们,心里便会泛起一丝满足和欣慰。

01 用印有抽象拼贴画的布料和各种蕾丝制作的剪报风日记本。
02 用碎花布拼接而成的日记本封皮。这件封皮一直沿用到了第二年，因为第二本日记尺寸偏大，所以我又在后面添加了几块布头。
03-04 这种常用于制作被罩的碎花布料虽然图案单一，但用在日记本上感觉也不错。
05 用北欧风和带有可爱几何图案的两种布料拼接而成的日记本封皮。
06 2011年和女儿去大阪旅行前特意制作的布艺游记本。封面的小飞机是海兰自己用边角料制作并粘贴上去的，"海兰的大阪旅行记"几个字也是她自己写的。现在我们把去印度旅行的游记也写在里面了，一直都在用。

与旧布料的相遇

也许是某个优雅的美国妇人用来缝补过床单,也许是某个白发苍苍的老奶奶为自己的孙女缝制过被子,总之,这些依然美丽的,甚至还留有包边痕迹的旧布料(一般用来缝制被褥)能够"远渡重洋"来到我的手中,是怎样的一种缘分。它们仿佛在对我说:"我的生命将在你手中得到延续。"

旧布料的前世与今生

与"细心"二字本来就有些距离的我,缝纫的时候也把这种个性体现得淋漓尽致。每次把旧布料拿出来都是"跟着感觉走",稍微比画两下就开始动手了。有的时候我会重新画线裁剪,有的时候就干脆顺着原有的包边痕迹剪下去。比如这次,我用旧布料做了三件作品,一个是高脚凳的坐垫套,一个是靠垫套,还有一个是外出用的小手包。虽然猛一看有些土气,但这种新布料所没有的复古颜色,和拼接处那些细密的针脚所带来的"未完成"感,让这些作品显现出一种独特的韵味。我甚至想把这些作品拍下来,寄给旧布料的主人——可能已经白发苍苍的她,告诉她,你交给我的任务我已经完成了。

满载几十年历史故事的旧布料,就这样悄悄地融入了我的日常生活。
是缝纫促成了我们之间的完美合作。

01　用旧的碎布料制作的高脚凳坐垫套
02　将德累斯顿盘子拼布相连制成的靠垫套
03　带有德累斯顿盘子拼布图案的手包　做法 p.32

粗糙的魔力，麻布袋背包

　　麻布袋（hemp sack）是旧时法国或欧洲其他国的人用来保存谷物的袋子，一般上面带有蓝色的条状图案，以及十字绣风格的大写罗马字母。那时农民为了区分农场里收获的谷物，就在麻袋上印上竖条装饰和漂亮的字母图案。看来法国人对于美的追求真是由来已久，连这些细节都不放过。虽然只是装谷物的麻袋，但漂亮的图案和亚麻这种极具魅力的材质使其身价大增。"识货"的人越来越多，网上也出现了不少高价销售的麻布袋。几年前，和我关系非常要好的一位姐姐费尽周折找到了一个麻布袋，作为礼物送给了我。为了让它变得更有意义，我用它做了一个大背包，外出时经常使用。很多珍贵的东西，与其放在柜子里，被你慢慢地遗忘，倒不如赋予它新的使命来的更有意义。

　　用了几年后，我又想把它翻新一下，因为原来的背包整体长度偏长，使用时并不能充分利用。我把已经用旧的皮质手提带剪下，从背包上裁下一条布料做成新的手提带。我希望把最有特色的刺绣图案放在更显眼的位置，还想把蓝条部分重新剪裁排列。我又拿出几块其他亚麻布料和一直不舍得用的亚麻毛巾，再把所有布料都摊在长条桌上，尝试各种不同的拼接方式。拼好以后先用别针固定，再用缝纫机把它们缝好，这样新背包就诞生了。

Before

After

用亚麻纤维编织的布料又粗又厚，我的缝针都用断了好几根，因为有些不能用缝纫机的部分只能用手来缝。虽然过程有些复杂，但却是独一无二的。我的背包又获得了重生。

我喜欢背包
i like handmade bag

01 用怀旧感的碎花布和老式衬裙布制作的短带背包。
02 包身是简单的绗缝布，前盖则采用了拼接和手工刺绣的方式，原本平淡的背包立刻焕发出了活力。
03 迷上日本电影《蜗牛餐厅》里女主角用的背包，当天晚上连夜赶制出这个小包。上面还绣上了女主角的名字。
04 外出时用来装钱包或手机的小拎包。把带子折放进去还能当手包用。
05 包身是法式亚麻布，前盖部分用的旧牛皮，内侧粘有钩花桌巾布，是一款便携的小拎包（左）。右边的小包整体构思相同，不同的是又增添了一只刺绣小猫。既简单又有特色。
06 为我心爱的单反相机制作的相机包，外出旅行必备。
07 有着帅气提手的野餐包，包身是用麻布袋做的。
08 用"妈妈的青春小包（P.7）"中出现过的布料制作的另一款拎包，皮质手提带为整个包包增色不少。

想和我去散步吗?
济州岛,美里村……

做法 p.34

　　济州岛西归浦海边的小村庄——美里,是电影《建筑学概论》中"舒妍之家"咖啡馆的所在地。我曾经去在那里开家庭旅馆的露丝家住过几天。

　　为了准备济州岛之旅,我在家连夜赶制出了一款带有花朵图案的挎包。挂在墙上的包包仿佛在和我说:"快,咱们去散散步吧!"

　　最想拎着小包去散步的地方——济州岛的美里村。

做法

妈妈的青春小包 P.7

材料 **表布** 旧衣服

　　　 里衬 印花布或纯色布料

　　　 辅料 带有珠子的口金，皮质带子

成品大小 35×25cm

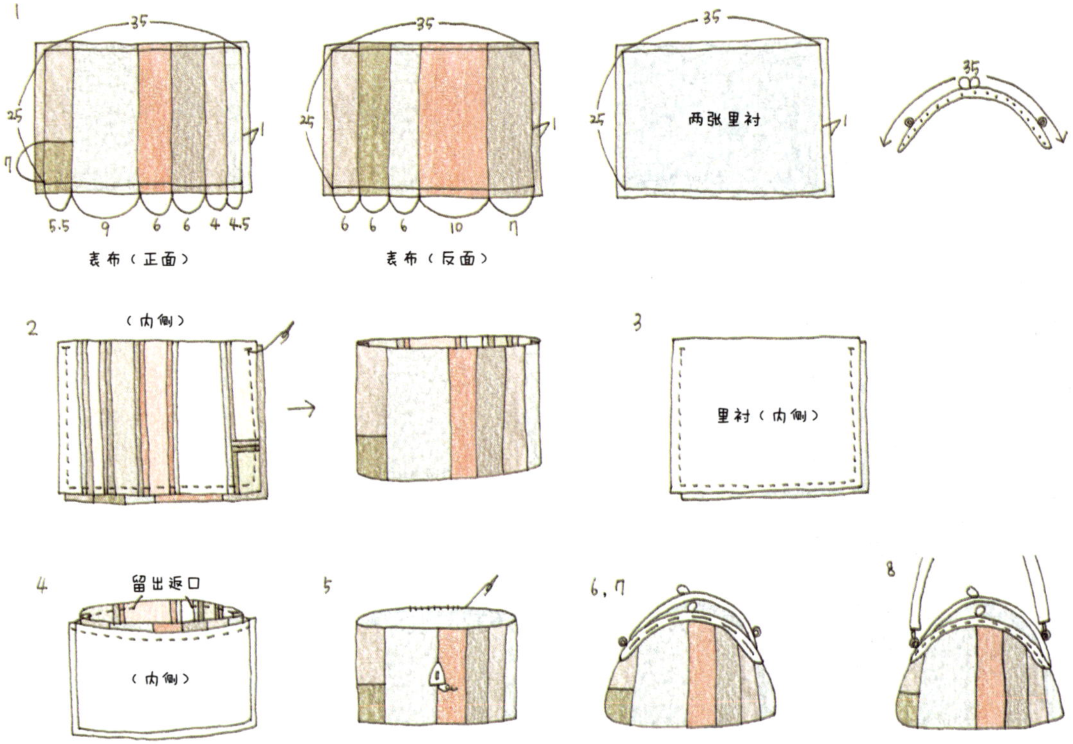

1. 表布用布头拼接成35×25cm大小，四周再留出1cm，这样的布料准备两张。里衬也准备出同样大小的两张。
   * 布料的大小根据口金的大小来确定。口金的上周长等于布料的长。
2. 把步骤1中两张表布的正面相对放好，除最上面的边以外其余三边用针缝上，然后翻过来。
3. 里衬的两张布料也用同样的方法缝好。
4. 把缝好的里衬套在表布外面，把最上面的边缝在一起，注意最上面要留出返口不要缝。
5. 把布料通过留出的返口翻过来，再把返口缝上。整理一下形状，用熨斗熨平。
6. 把口金放置在包的中央位置，用口金的槽卡住，并用针固定。
7. 按照口金的针眼仔细缝合。
8. 把皮质带子挂在口金的两端。

做法

带有岁月痕迹的毯子 P.10

材料 **表布正面** 不舍得扔的小孩衣服或其他边角料
　　　表布反面 亚麻布
　　　辅料 填充棉

成品大小 130×105cm

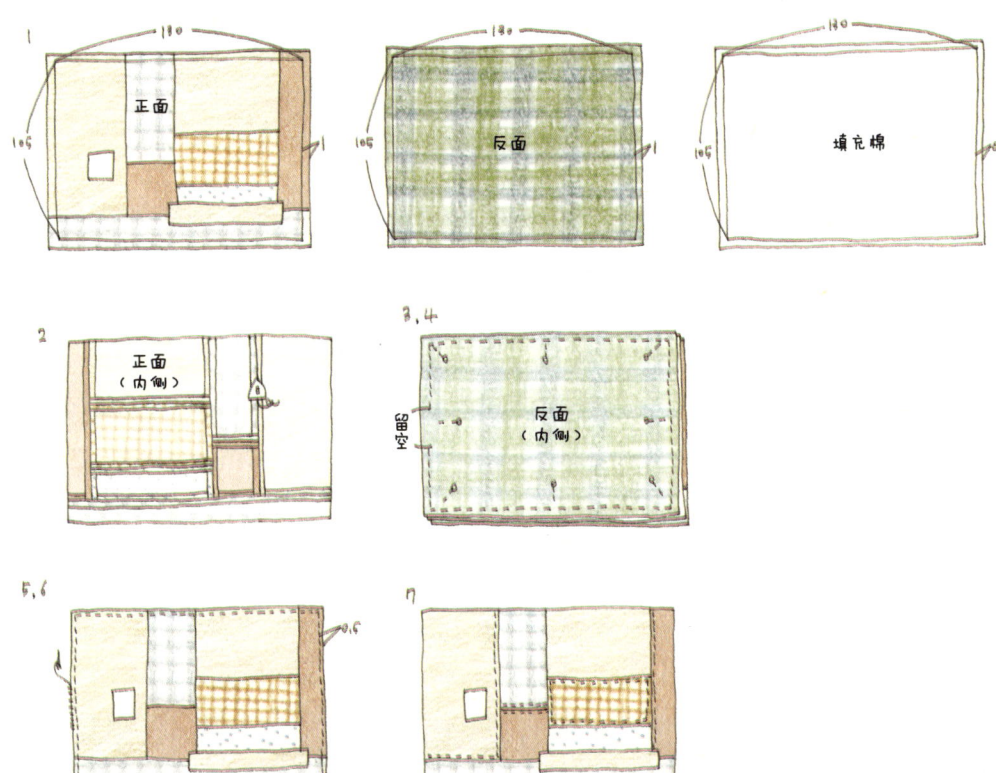

1. 将布头拼接成130×105cm大小的布料,四周各留出1cm的缝份(与其用同样大小的边角料,不如用大小不一的布料互相叠加着缝在一起,显得更活泼)。
2. 把拼好的布料翻过来,用熨斗将接缝处熨平。
3. 将表布正面相对放好,中间再铺上同样尺寸的填充棉,用珠针固定。
4. 用针将四边缝上,注意侧面留出10～15cm不缝。
5. 把整个布料通过返口翻转过来,把边角处整理好,最后把返口缝上。
6. 沿着毯子的外围再缝一圈。
7. 按照布料拼接的形状绗缝固定。

做法

生活中的小浪漫——半身围裙 P.13

材料 **表布** 长度约1m的印花布
　　　 辅料 两根60cm长的麻质布条，一点蕾丝，一小块刺绣布

成品大小 50×48cm

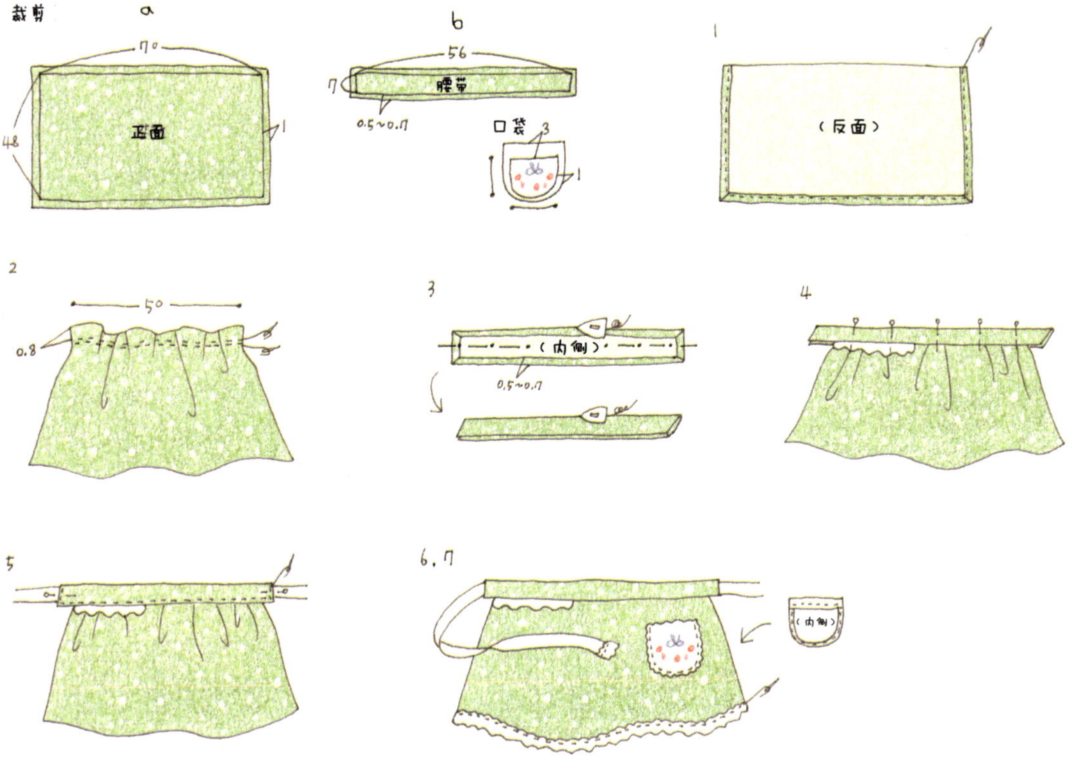

1. 除a的最上面一边外，其余各边留出1cm，向内侧折叠两次后缝合。
2. 横向缝两趟，拉紧成褶皱状，长度约50cm。
3. b的四个边以0.5～0.7cm的宽度向内折，用熨斗熨平，然后整个布条对折后再熨一次。
4. 将腰带部分用珠针固定在步骤2缝好的裙边处（可以在适当的地方夹一段蕾丝边作为装饰）。
5. 将作为腰带的麻质布条夹在腰带部分的左右两端，将连接处缝好。
6. 将一小块刺绣布裁剪成口袋的形状后，缝在围裙适当的位置（如果没有刺绣布，用普通的麻布或印花布也可）。
7. 在腰带的两端和围裙的底边缝上一圈蕾丝作为装饰。

做法

咖啡麻袋包 P.14

材料 **表布** 咖啡麻布袋
　　　里衬 合成布料
　　　辅料 棉质布带

成品大小 50×48cm（宽20cm）

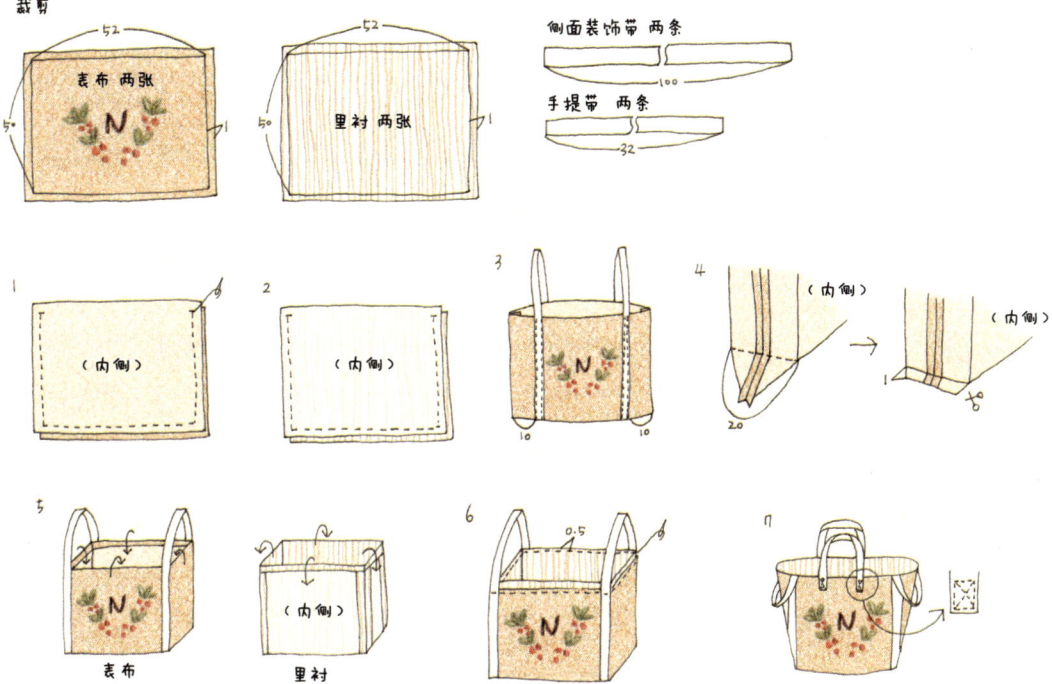

1. 将两张咖啡麻布袋正面相对，除最上面的边之外，其余3边缝合，留1cm缝份。
2. 里衬也用同样的方法缝合。
3. 将用于侧面装饰的布条缝在表布两侧距离侧边10cm处。
4. 缝制底边　在边角处折出一边为20cm宽的三角形，并将折线处用针线缝紧。留出1cm的边后用剪刀剪掉其余部分。里衬也用同样方法做出底边。
5. 将布料翻转，露出麻布袋的正面，然后将里衬部分放入其中，注意里衬的内侧冲外。
6. 将里外两层布料的顶边都向内折，然后从表布外侧缝一圈。
7. 将用作提手的布条放在中间位置固定后用针线缝实。

稍等一下！
咖啡麻布袋本身带有咖啡特有的酸味，最好先清洗后再使用。注意不是所有麻布袋都能放进洗衣机，因为有些印花是用熨斗熨烫上去的，可能会掉色，手洗比较安全。水洗后布料可能会缩水或轻微褪色。

做法

带有十字绣图案的茶壶保温罩 P.16

材料 **表布** 印有十字绣图样的亚麻布，印花亚麻布
　　　 里衬 纯色或印花亚麻布
　　　 辅料 黏合衬，十字绣绣线

成品大小 30×28cm

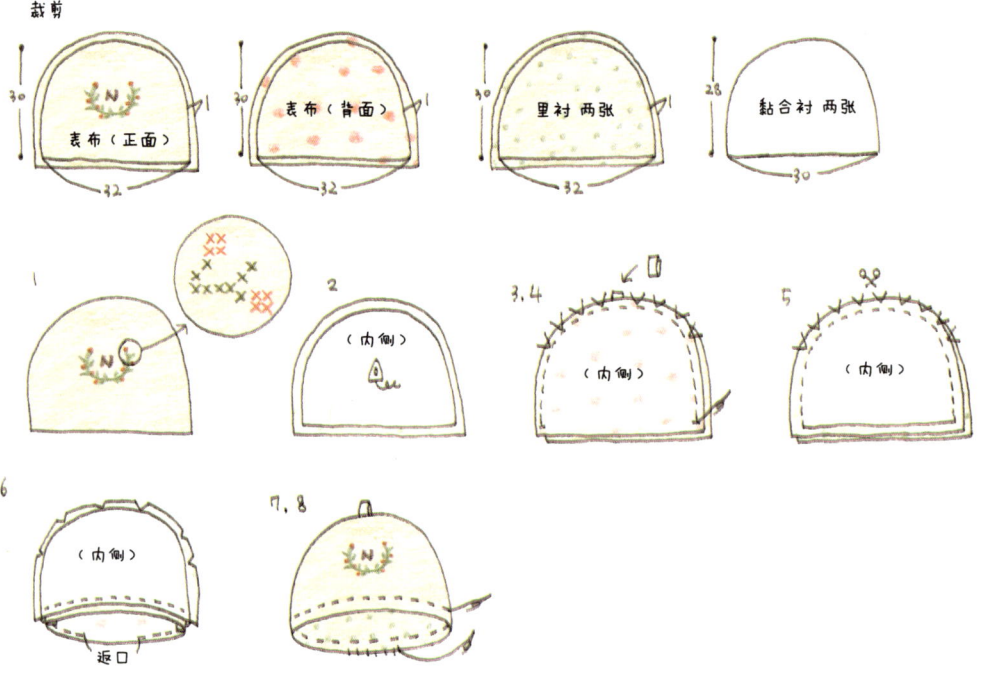

剪裁 　用厚纸板剪出保温罩的形状后，用其依次裁剪出两张表布、两张里衬和两张黏合衬（根据茶壶的大小来确定保温罩的形状）。

1. **刺绣** 根据十字绣图样绣出图案。
2. 把裁剪后的黏合衬放在两张里衬上并用熨斗熨烫粘贴。
3. 用棉布条或其他材质的布条做出一个小"尾巴"，将表布正面相对放好，把小布条对折夹在中间位置。
4. 把除底边外的其他边缝合，用剪刀按照图示剪开几个小口，然后将整个布料翻转过来。
5. 里衬也用同样的方法缝好。
6. 把里衬套在表布里，注意正面相对，然后把边缝合。注意留出5cm返口。
7. 将布料从返口掏出来翻转整理成型后，将返口缝合。
8. 底边用十字绣线再缝一圈作为装饰。

* 如果手边没有印有十字绣图样的亚麻布，也可按照本书第67页和71页的图案自己绣出图案后使用。

做法

给日记本缝制"外套" P.18

材料 **表布** 北欧风的印花布,几何图案麻布,装饰贴画
　　　口袋 印花布
　　　里衬 纯色亚麻布
　　　辅料 黏合衬,扣子,皮质带子,装饰标签

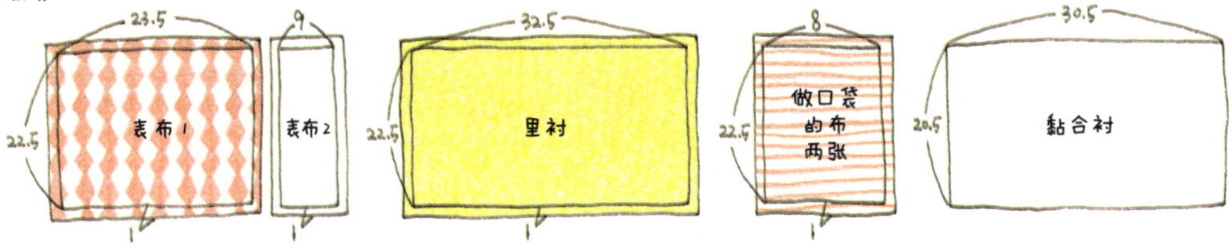

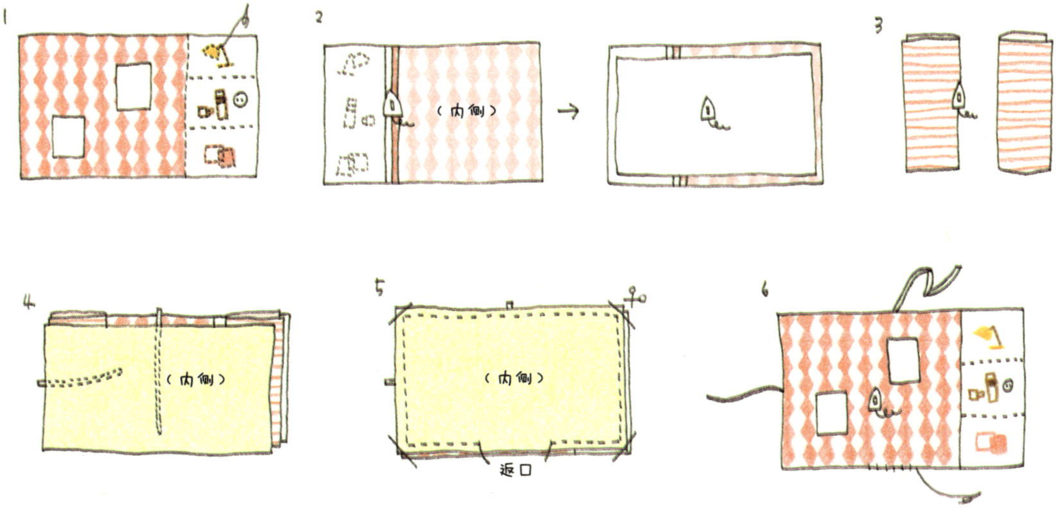

1. 将裁剪后的北欧风印花布和几何图案麻布按照合适的比例拼接缝好,然后找几张自己喜欢的装饰贴画和标签贴上去。最后别忘了在正中间缝一颗用来系带的扣子,这样表布就基本装饰完成了。
2. 将表布翻过来,用熨斗熨平缝份,然后用熨斗将黏合衬熨到表布上。
3. 用来当做插袋的布料两两对折后熨平。
4. 将装饰好的表布正面朝上放好,然后将插袋布料沿着表布的两侧边左右摆放整齐,之后再把细带子夹在中间,最后在最上面盖上里衬,注意里衬正面向下。
5. 按照虚线将布料车缝紧实,最下方留5~7cm的返口。
6. 将四个角如图所示剪下,通过翻口将布料正面翻转出来,熨平,整理即可。

做法

带有德累斯顿盘子拼布图案的手包 P.21

材料 **表布** 德累斯顿盘子拼布，卡其色亚麻布
　　　里衬 纯色亚麻布
　　　辅料 棉花，皮质提手，拉链，皮质标签，黏合衬

成品大小 27×17cm

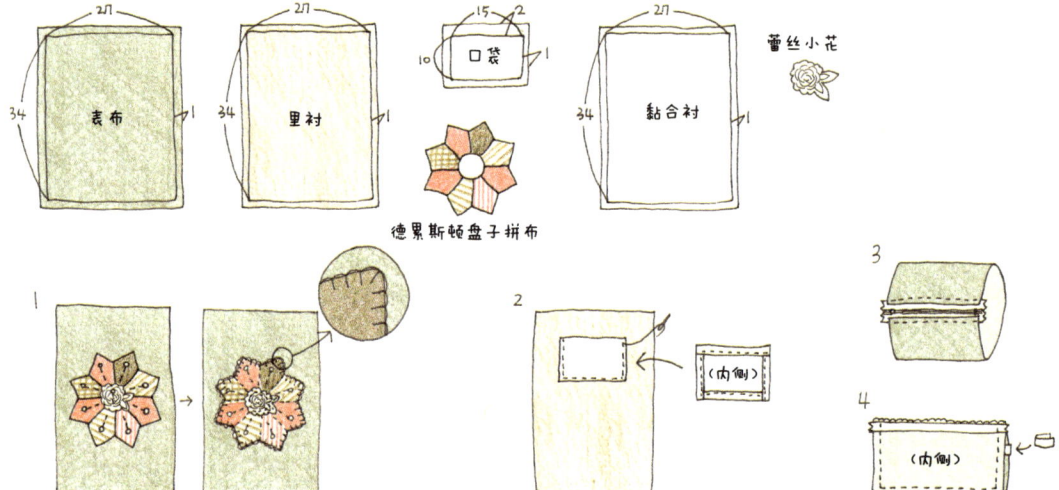

1. 固定德累斯顿盘子拼布
   a. 准备一小块德累斯顿盘子拼布，再剪裁出一块比拼布小0.5cm的薄棉花。
   b. 把棉花和德累斯顿盘子拼布按顺序摆放在卡其色亚麻布的正中央，用珠针固定。
   c. 整理棉花，营造出一种蓬松感。
   d. 沿着图案的轮廓锁边固定。
2. 把黏合衬用熨斗固定在里衬的内侧面。
   制作口袋　把除最上边以外的其余三边向内折边后缝好，最上面的边以1cm的宽度向里折两次缝好。
3. 将步骤1中缝好的表布对折，与拉链缝在一起。
4. 将表布翻过来对折，内侧冲外。把事先做好用于缝提手的小布环夹在边上，然后车缝固定两条侧边。
5. 里衬也对折缝好后翻过来。
6. 将表布套在里衬里，把最上面的边向内折，沿着拉链的边藏着针脚缝好。
7. 可以适当增加皮质标签或蕾丝小花来进一步装饰。

做法

简单小挎包 P.23

材料 **表布** 带有条纹图案的法式亚麻布,复古刺绣图样
　　　 里衬 印花布
　　　 辅料 细带子

成品大小 25×30cm

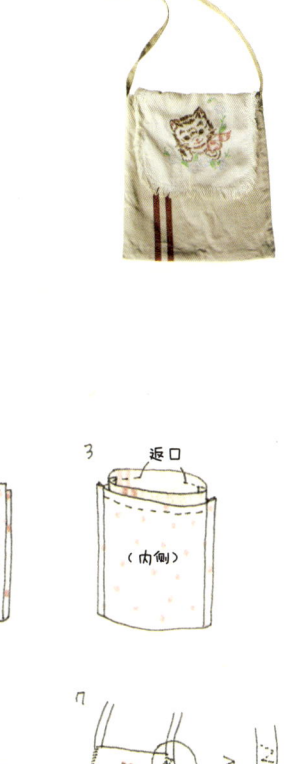

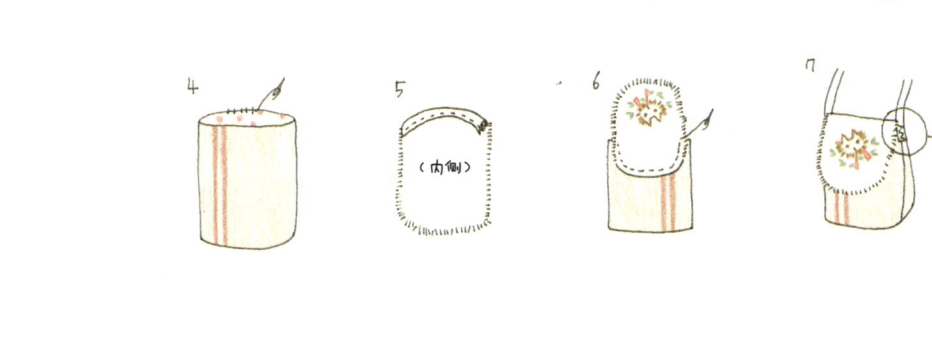

1 将表布的布料对折,距离侧边1cm处车缝固定。
2 里衬也如法炮制。
3 把表布套在里衬里,使布料的正面相对,然后将顶边缝合并留出返口。
4 通过返口把布料翻转过来,将返口缝好。
5 制作盖子 把刺绣布料的边适当地挑开呈毛边状,顶边以1cm的宽度向内折两次缝好。
6 将盖子的顶边缝在挎包的背面。
7 将长度适当的细带子缝在挎包的两侧。

做法

济州岛散步包 P.24

材料 **表布** 粉色亚麻布，花朵图案布料
      里衬 印花布
      辅料 皮质带子，钉扣，蕾丝布环，可熨烫贴画

成品大小 38×45cm

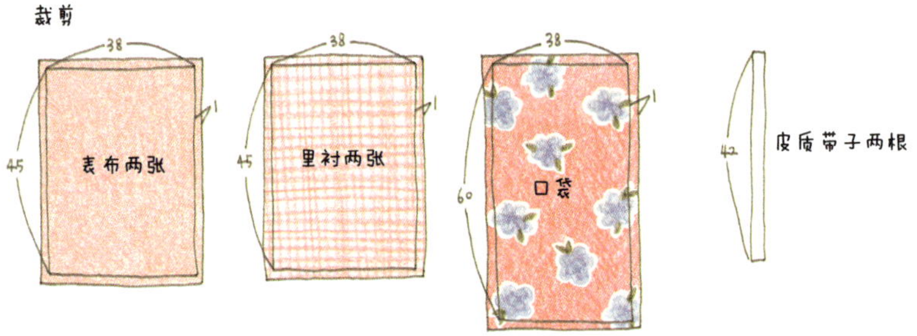

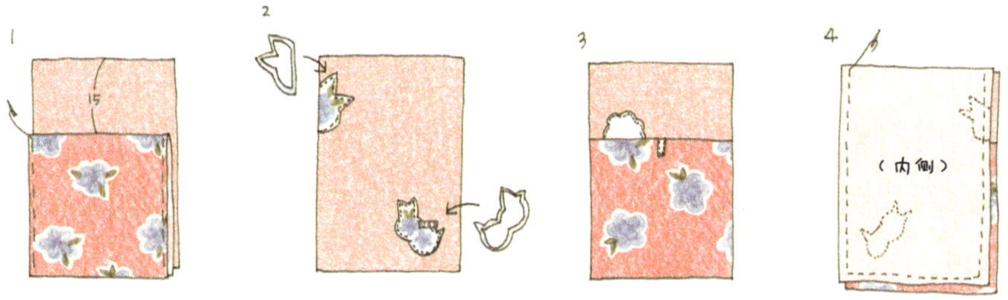

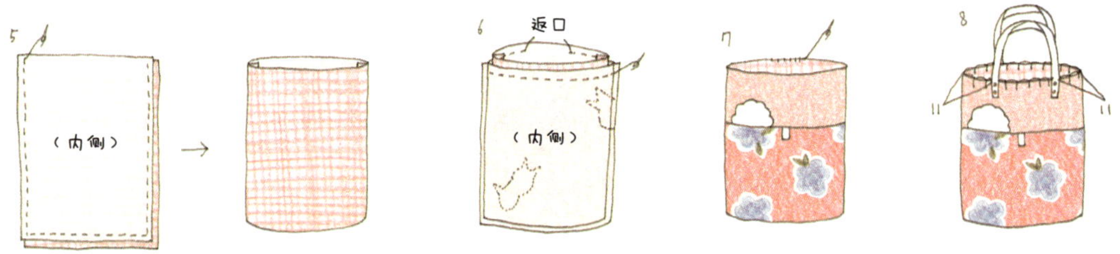

1. 将用来制作口袋的布料对折，然后和粉色亚麻布如图所示缝在一起。
2. 剪下花朵图案布料上的两块花，摆在另一块表布的适当位置，车缝固定。
3. 利用蕾丝布环把表布和口袋缝在一起固定。
4. 把两块表布除顶边外的其余三边缝合，注意正面相对。
5. 两张里衬也用同样的方式缝好后翻过来。
6. 把步骤5放在步骤4里，注意正面相对，缝合时注意留出返口。
7. 通过返口把布料翻转过来，将返口缝好。
8. 用锥子在距离顶边5cm处钻出用来缝提手的孔，然后把钉扣以2cm的间距缝好固定。

兴趣的发现

二

KNITTING

又一件有趣的小事 | 钩花

　　随着感兴趣的事情越来越多，我的生活也变得更加充实。然而，在享受这些兴趣带给我快乐的同时，偶尔也会感叹：家里的东西实在太多了……我曾经暗暗下决心，绝不会再因为我的兴趣爱好而占用家里更多的空间，增加收纳整理的难度。比如钩花，就是我一直在刻意回避的爱好。其实早在我怀太郎时，就曾经有几个月经常去朋友的钩花小店做客，与钩花结下了缘。后来，当我再次拿起钩针时，虽然也觉得难度不小，但更多的是一种一旦陷入就无法自拔的感觉。当初看到周围的朋友做出漂亮的作品时，心里早就跃跃欲试了，还买了一本《钩花入门》为以后做准备。唉，说了不学钩花的，这又是在干嘛？

　　总之，刻意与钩花保持距离的日子就这样一天天过去了。直到某年夏天，刚刚放暑假的海兰突然提出要学钩花！要把自己的钩花作品当作暑假手工作业交给老师。听到这个要求，我心里的小火苗一下子就被点燃了。看来真是和钩花有缘分呢！就这样，母女俩坐在一起，翻开了那本久违的《钩花入门》。也许是手指还有记忆，抑或是书里的图案比较容易上手，不多时，一件小作品就完成了。从那以后，就像小孩一笔一画学写字，刚开始学得慢，后来越学越快一样，我也以惊人的速度完成了一件又一件钩花作品。原来我打心底里是爱钩花的，躲也躲不掉。

其实我并没有什么天分，
只不过手指比别人多了一份"好奇"，
而"努力"总是紧紧跟在"好奇"的后面。

要想开始着手做一件事，需要准备的东西肯定不止一两样。但我的习惯是，只要把最基础的必备品准备好就可以开始了，以后随着兴趣慢慢增加再添置其他物品也来得及。从这个角度来看，钩花只需要准备针和线，真是再简单不过了。

钩花需要用到的基本工具

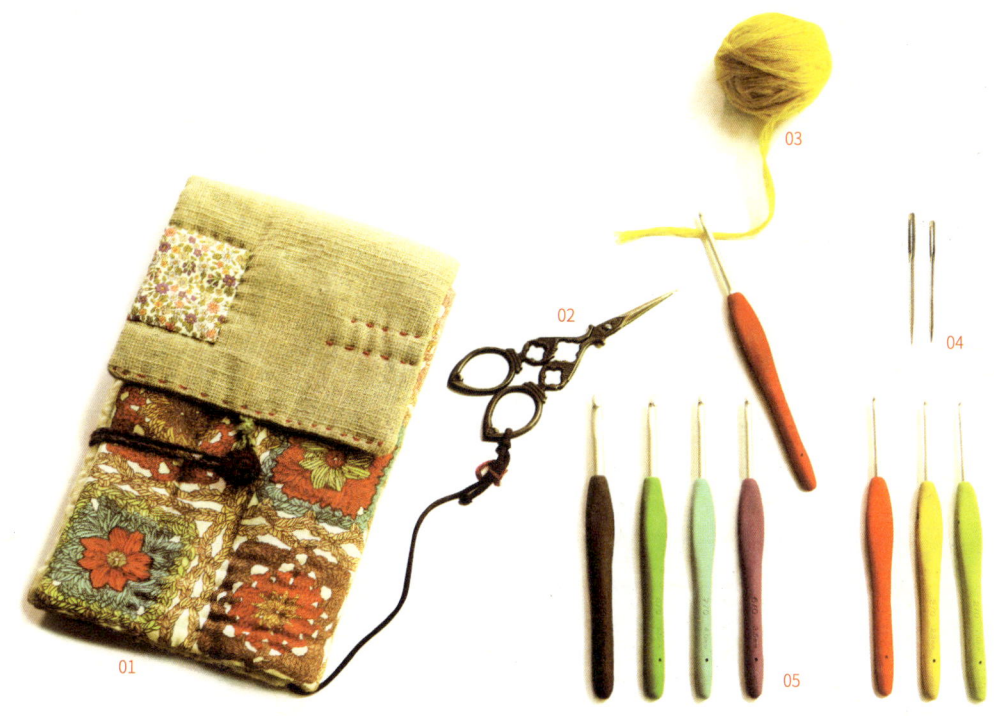

01 **钩针包** 总觉得对于一名热爱手工的人来说，钩针包得是自制的才说得过去。把针分门别类地装在插袋里，既美观又便于使用。

02 **剪刀** 剪线或者整理线的时候会用到，一般都是个头很小的小剪刀。

03 **钩针线** 有棉、毛、麻等各种材质，还分为不同粗细、不同用途和不同制造商，种类繁多。对于初学者来说，不要用太细的线，粗一点更容易上手。我一般在缝毯子或缝一些给人温暖感觉的布料时用羔羊毛线，缝蕾丝杯垫等小型桌巾时则用细一些的棉线。羔羊毛线顾名思义，是用小羊羔的毛制成的，比一般毛线要柔软蓬松，颜色也特别丰富。

04 **大针** 主要用于连接布料或作品收尾时使用。线的粗细不同，针眼大小也各不相同。

05 **钩针** 有毛纱用钩针和蕾丝用钩针等不同种类。毛纱用钩针比蕾丝用钩针稍微粗一些，便于拿握，常用于编织装饰用桌巾、毯子等物品。毛纱用钩针的编号越大，针眼就越粗；蕾丝用钩针则相反，编号越大针眼越细。（图片中的毛纱用钩针从左到右分别是 10/0、8/0、7/0、6/0、5/0、4/0、3/0、2/0）

蕾丝的时间

身边比较了解我的朋友偶尔会将蕾丝钩花小桌巾当作礼物送给我，每次我都在想："怎么会有人能用这么细的蕾丝线手工钩出这么复杂精致的图案？"佩服的同时又暗自感叹自己运气好，能收到这么贵重的礼物。当时我认为，只有特别聪明，动手能力极其强的人，才可能做出这么美的作品。而对于我来说，这是一件"不可能完成的任务"。然而有一天，我发现这种钩花装饰桌巾，不管放在哪儿，都能起到绝佳的装饰效果，突然就产生了跃跃欲试的冲动。那种一旦陷入就无法自拔的"feel"又来了！

小型钩花装饰桌巾 Crocher Doily

Crocher 来自法语,意思是用钩针勾住。Doily 是指用来垫在饮料杯下面的杯垫。两个词合在一起则是指用钩针手工钩制而成的圆形或三角形蕾丝桌巾。

谁都是从新手走过来的

　　从书架上找出那本当初因为觉得太难而被放置一边的蕾丝钩花书，我开始边读边学。刚开始钩的时候，才钩了没一会儿就觉得有些别扭，但抱着"先往下钩钩再看"的想法又继续接着钩，没想到越来越不像样，只好拆了重来。后来我拿出铅笔，画一句钩一步，错了就拆掉，对了就使劲记住钩法。经历了反复的拆钩过程之后，我的第一个钩花作品诞生了。虽然图案远不如我收到的礼物那样复杂，但却是我亲手完成的，"成就感爆棚"！有了信心之后，我开始不满足于边看书边钩花，产生了自己直接钩织作品的想法。把很久以前别人的作品转换成编织图，再自己钩出来，应该也是一件蛮有趣的事！后来我只要有时间，就拿着蕾丝桌巾翻来覆去地看，边看边绘制编织图。"画图——修改——再画图"的过程反复多次，虽然有时候真的很累，但它带给我的快乐和满足感也是别人体会不到的。

01 把颜色、大小、形状各不相同的小桌巾随意散放在桌上,就是一副很好的花朵装饰画。
02 某日午后,地板上光影斑驳的蕾丝时间被我偷偷捕捉到了。
03 小型钩花装饰桌巾既可以垫在花瓶下面,也可以垫在杯子或其他各种物品下面,用途非常广泛。
04 这件作品是看书学会的。白色线和蓝色线搭配在一起,给人一种清凉的感觉。

蕾丝钩花灯罩 做法 p.50

　　钩小桌巾的时候，我突然想起了餐厅新换的小吊灯。吊灯的灯罩是白色的，显得灯光有些苍白，如果把蕾丝桌巾搭在上面，不知道会有什么效果？我走过去随手一搭，发现灯光立马柔和了许多，于是立刻对桌巾进行改良——把中心部分拆掉，钩出一个和灯罩上方一样大小的圆洞。没过多久，桌巾就立刻变身为漂亮的灯罩了。

　　根据季节的变化，我们还可以变换蕾丝灯罩的颜色。如果夏天看起来太热，也可以摘下来，还原本来的白色灯罩。

对于善变的我来说，爱上做手工，真是再合适不过了。

沉迷于绘制编织图的某一天，无意中钩出了一个非常满意的图案。我为它起了个名字，叫"大丽花主题"。做法 p.52

01 **大丽花系列高脚凳坐垫** 用毛纱按照大丽花图案钩法钩下去，自然而然就钩出了凳面大小的坐垫。

02 **大丽花系列复古皮质挎包和单肩包** 把大丽花钩花和带有复古感的皮革布料粘在一起制作出的挎包，以及将几块钩花拼接后制作的单肩包。出门用起来很方便。

03 **大丽花系列靠垫套** 把四块大丽花钩花拼接在一起后再与靠垫软包相连制成的靠垫套。

04 **大丽花系列毯子** 连续钩出多个大丽花图样，钩到毯子大小即可。

少女风彩色钩织拉花 做法 p.54

　　去年夏末，我为儿子和女儿在院子里举办了一场露营活动。虽然是夏天，但乡下的傍晚还是有些微凉的。于是我拿出了自己钩制的彩色拼花毯，又把特意钩的一款蜡笔颜色拉花挂了起来。虽然没有其他特别的装饰，但整体感觉一下就出来了。花朵图案的帐篷上面，是迎风飘扬的彩色拉花，椅子上还随意搭了一条彩色毯子，温暖又温馨。海兰一下子就被这种可爱少女风所打动，一直央求我第二年暑假时为她和她的同学们举办一场女生专场露营聚会呢。

天然香包 做法 p.56

钩一个四角形小袋子，里面装上有安眠和驱虫效果的干燥薰衣草，天然香包就做好了。可以多做几种颜色，分别放在孩子们的衣柜里、老公的车里，或是收纳盒里。隐隐的香味会让人心情大好。

做法

蕾丝钩花灯罩 P.44

材料　线　棉线 30 束（钩针线）

　　　　针　使用 2/0 号针（直径 2mm）

1. 锁针钩 42 针后从第一针锁针处做引拔。
2. 熟练掌握下图中花样 1 的 1～13 圈。
3. 图中第 2 圈到第 11 圈要特别注意引拔针的位置和长针开始的位置。
4. 第 12、13 圈需要换线，如图所示钩完即可。

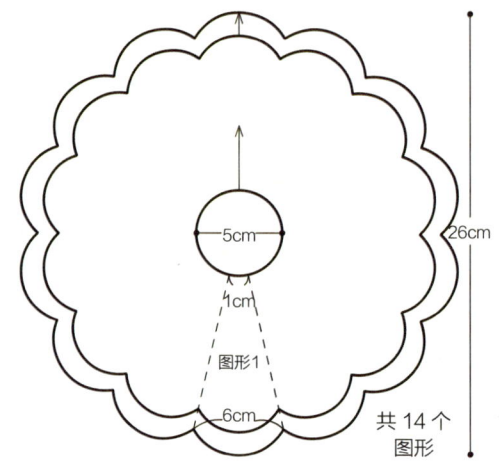

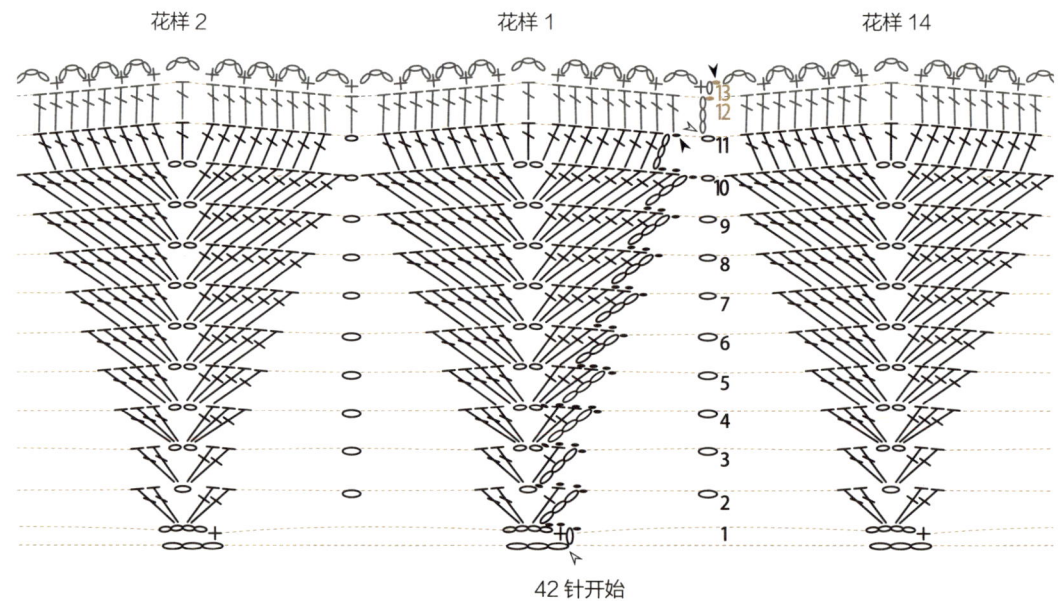

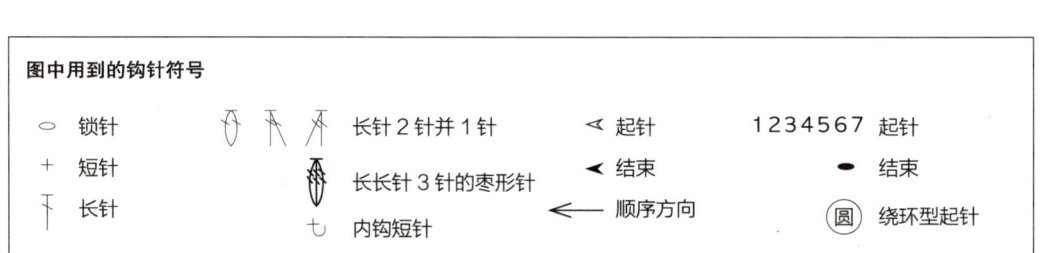

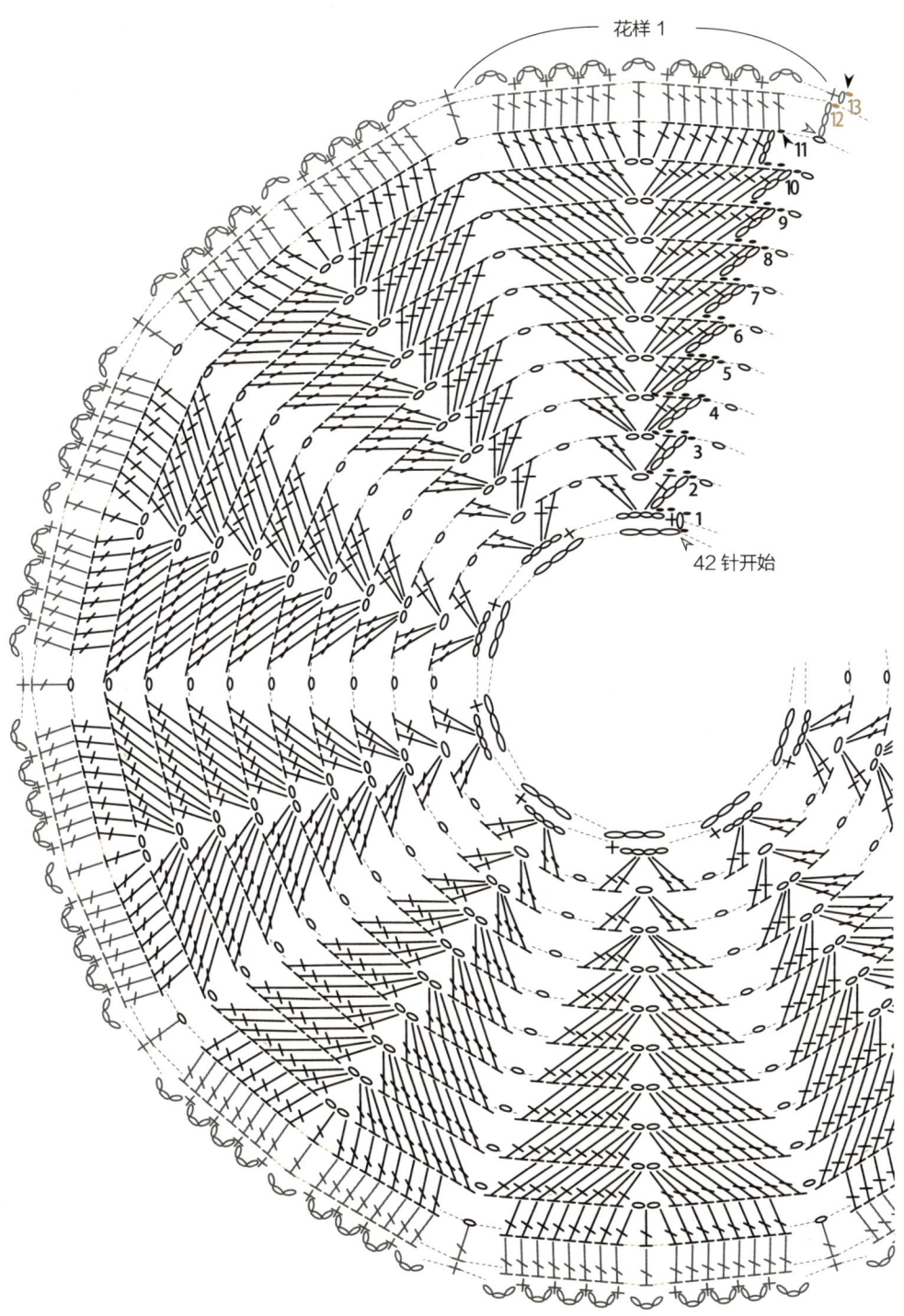

做法

大丽花图案茶杯垫和靠垫 P.46

材料 线 羔羊毛线

针 使用5/0号针（直径3mm）

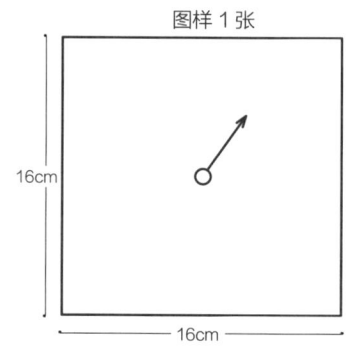

图样1张

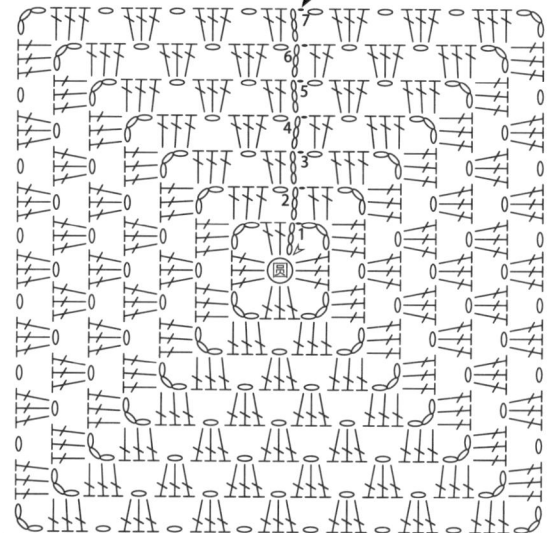

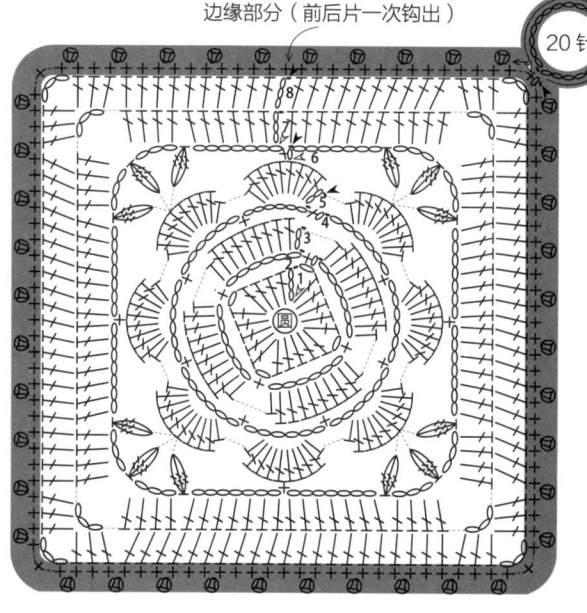

边缘部分（前后片一次钩出）

前片

1 完成绕环型起针。
2 如图所示完成第1圈到第5圈（花叶部分）。
3 换线，完成第6圈。
4 按照图示完成第7圈和第8圈。

后片

1 完成绕环型起针。
2 用一张大丽花图样，按照图解，完成第1圈到第7圈。

前后连接

1 准备好前片和后片。
2 前后片反面相对，按照图解完成锁边。

用四片大丽花图样钩制靠垫套

1 准备四张大丽花图样（从1圈钩到8圈）。
2 开始钩下图第9圈，按照图示做引拔。
3 按照图示完成第10圈到第12圈。
4 如图完成锁边。

边缘部分（前后片一次钩出）

做法

少女风彩色钩织拉花 P.48

材料 **线** 羔羊毛线

针 使用 5/0 号针（直径 3mm）

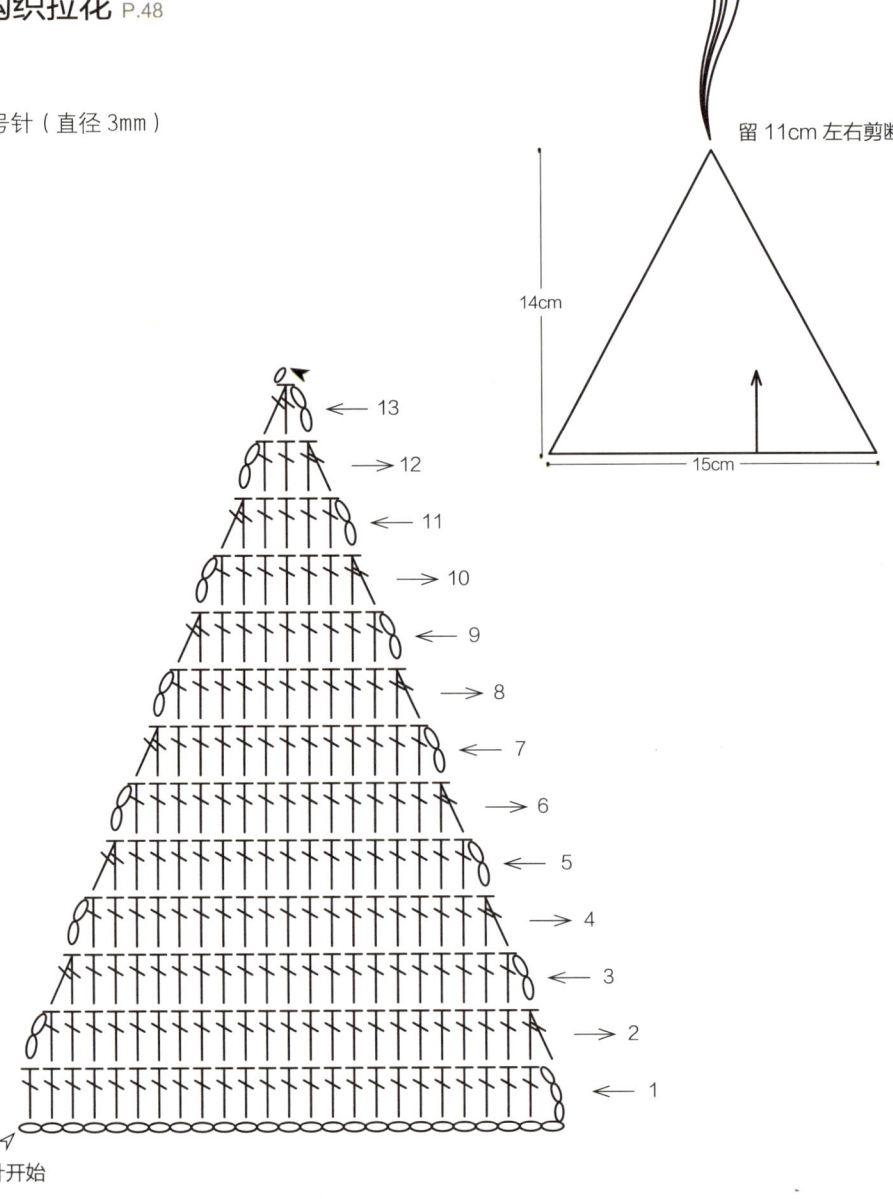

钩三角形

1. 钩 25 针锁针。
2. 第 1 层先钩 3 针竖起的锁针，然后钩 24 针长针。
3. 第 2 层到第 11 层要特别注意开头和结尾处的两针（将起针长针 2 针并 1 针，形成自然的斜度）。
4. 最后第 13 层先钩 2 针竖起的锁针，再把剩下的两针长针 2 针并 1 针，最后钩一针锁针。
5. 钩完最后第 13 层后，把线留出一段长度后剪掉（大概留 11cm 即可）。
6. 用从 1 层到 7 层的方法可以任意制作出想要的拉花图形。

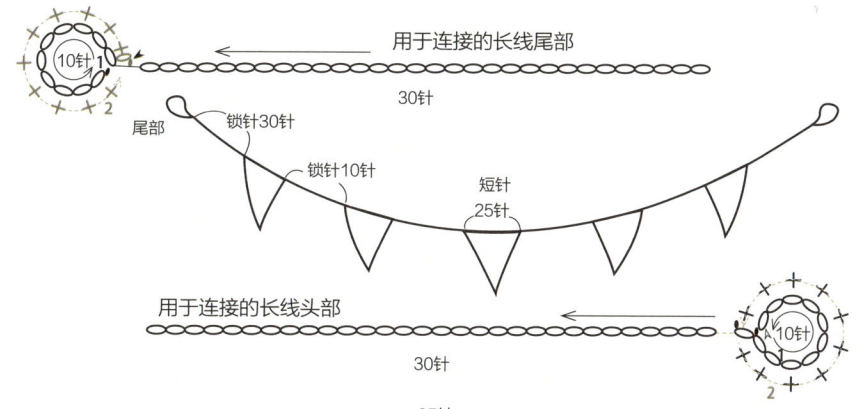

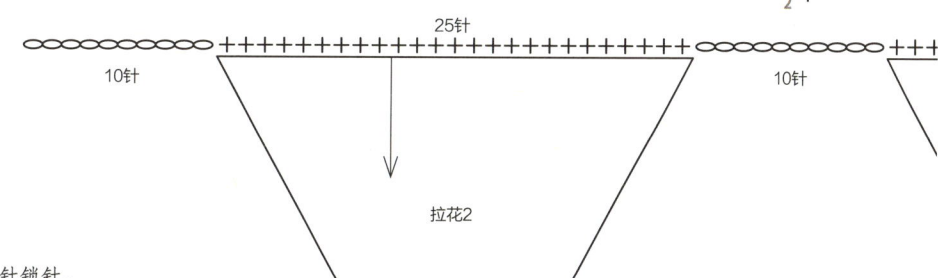

连接方法

1. 先钩 10 针锁针。
2. 从第一针做引拔，钩出一个环形。
3. 接着第一针锁针钩 10 针短针，做出围绕着 10 针锁针的样子。
4. 接着第一针短针做引拔针，然后钩 30 针锁针。
5. 从第一块拉花的 25 针锁针那条边开始钩 25 针短针。
6. 钩完 25 针短针后接着钩 10 针锁针。
7. 从第二块拉花的 25 针锁针那条边开始钩 25 针短针。
8. 钩 10 针锁针。
9. 第三块拉花也如前两块一样的方法钩织。
10. 将事先钩好的拉花全部连接完毕后钩 30 针锁针。
11. 再接着钩 10 针锁针，然后重复步骤 2 做引拔，钩出环形（30 针锁针之后再钩 10 针锁针，后面这 10 针锁针是为了做引拔钩出环形的）。
12. 从第 1 针锁针开始钩 10 针短针，做出环绕的形状。
13. 从第 1 针短针处做引拔针。

做法

天然香包 P.49

材料 **线** 棉线40束

针 使用2/0号针

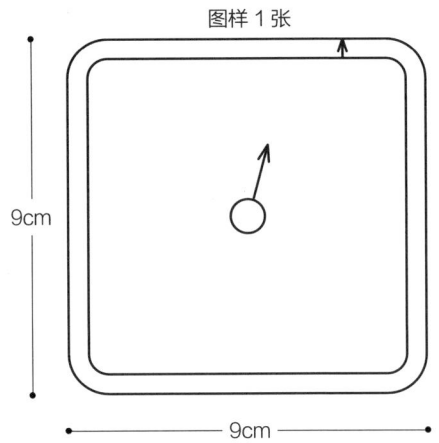

前片
1 完成环绕型起针。
2 按照图示完成第1圈。
3 继续按照图示完成2、4、6圈,做出环绕第1圈3针锁针的形状。
4 其他部分也按照图示完成即可。

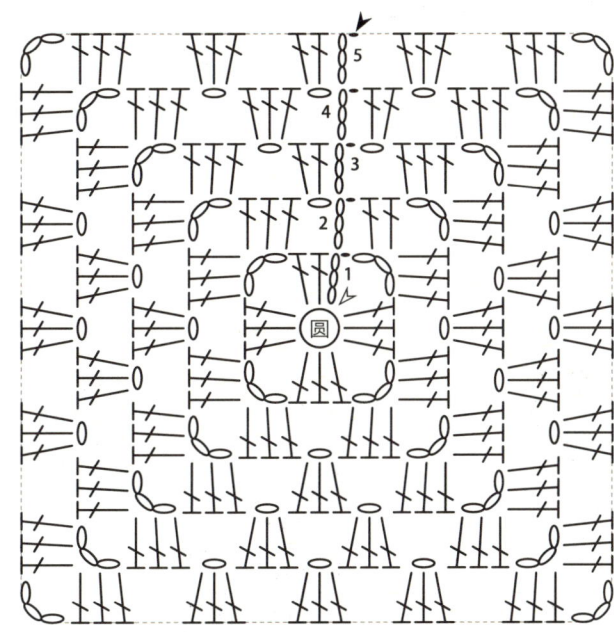

后片
1. 完成环绕型起针。
2. 按照图示完成第1圈至第5圈。

前后连接
1. 将完成第1圈到5圈的后片，和完成第1圈到8圈的前片准备好。
2. 前后片反面相对（外面看到的是前后片的正面），按照图示，将前后片相连，完成钩边。
3. 三条边都钩好后，将薰衣草放入四角形口袋中，最后把剩余的一边缝合。

兴趣的发现

三

EMBROIDERY

与自己寂静独处的时间 | 刺　绣

　　夏天，只要在院子里走上一圈，手里便会多出一束花草。百日红、含羞草、狗尾草，还有像白色花边一样不知名的野花……这些散发着朴素气质的花花草草，不管插在哪儿都那么美。看到它们，总让人忍不住有绘画的冲动。它们就这样静静地散落在院子各处，没注意到它们的时候，它们好像也不理睬你，而当你的眼睛注视到它们身上时，它们好像马上就能对你说出动人的情话。要是能把它们的样子挪到画布上，就能像欣赏照片一样，时时刻刻感受到这种美好了。

为了把院子挪到绣布上的那一天

　　我拜托一位绘画非常出色的朋友，让她按照我拍的花草照片，画一幅刺绣的底图。深知我心思的朋友特意把它们画在了一张亚麻布上。虽然已经是一幅很美的画作，但我还是坚持自己最初的想法，用针线在上面重新刺绣。我没有朋友那样优秀的绘画水平，所以只能用针线代替笔墨，用布料当作画纸，将那些花花草草的美记录下来。

　　（也许我下一个将要发现的兴趣就是"绘画"了吧……）

黄色的花蕊仿佛在风中轻轻摆动，
白色的小花像蕾丝一般轻盈，
狗尾草那黄绿色的小尾巴让人看得心痒痒。

白色的画布上，是我一针一线绣出的花草图。
相片变成画，画又变成刺绣，
这又是一次完美的合作。

刺绣需要的基本工具

01 **绣布** 刺绣用到的底布主要有亚麻、粗布和细棉布。根据厚度分有10支、20支、30支……60支，支数越高则越薄，越低则越厚。对于初学者来说，太厚或太薄都不太容易掌握，最好选择20支或30支的亚麻布。

02 **针** 刺绣用的针以长度短，针眼大为佳。长度短一些便于拿握，针眼大一些便于穿针。一般按照大小成套出售。针的号数越大，则针越细。使用时需根据布料的薄厚来选择针的粗细。

03 **水消笔** 将图案拓在布料上时，或是修改图案、画线时使用。

04 **复写纸和铅笔** 拓画时使用。

05 **剪刀** 剪线时使用。

06 **绣线** 按照不同材质分为棉线、毛线、亚麻线等种类，但一般用得比较多的是法国的DMC，德国的Anchor等棉线。棉线中应用最多的是DMC25号，绣十字绣时最为常用。25号是指线的粗细，它由6股线组成。根据底布的厚度，可选用1股或3股一起使用。使用多股时需要先整理成一束线再绣，这样才不会缠绕在一起。

07 **绣绷** 面积小或图案简单的作品可以不用绣绷，但遇到复杂且精密度较高的图案时，最好还是使用绣绷，这样可以防止底布起皱变形。按形状分有圆形、椭圆形、方形等，按材质分有原木和塑料等，此外还分大中小号。一般的作品使用15～20cm的圆形绣绷即可。一开始就用过大的绣绷，容易拿不住，也会增加手腕的负担。

法式刺绣基本绣法

平针绣 Running Stitch

最基本的刺绣针法。要求正面和反面的针脚排列整齐，长度相同。一般用来表现较细的线条。

轮廓绣 Outline Stitch

从左边绣到右边，过程中针要旋转180度，让绣线只重叠一半。常被用于绣轮廓线。

回针绣 Back Stitch

基本针法。从正面看，针脚是相邻但又不重叠的。

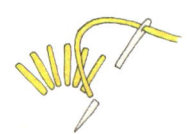

直针绣 Straight Stitch

顾名思义，就是绣出一定长度的直线，也是基本针法之一。

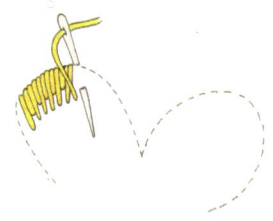

长短绣 Long and Short Stitch

一针长，一针短，以此循环，基本针法之一。常用来绣花叶。

飞鸟绣 Fly Stitch

横向绣一针后，从中间出针，把线向上或向下拉成V字或Y字，也称为Y字绣。广泛用于绣小树图案。

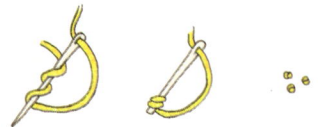

法国结 French Knot Stitch

从绣布后往前出针，将线在针上绕2～3圈，针尖紧贴着刚才出针的针眼旁边向下入针，形成一个结。一般用于绣花束、小圆点或果实。

雏菊绣 Lazy-Daisy Stitch

可以绣出任意大小的花瓣形状。出针后回到同一个针孔入针，线不要拉紧，形成线环，然后在线环中间出针，拉紧绣线，最后在线环外贴着线入针即完成。常用于绣小树叶或花的叶子。

锁链绣 Chain Stitch

顾名思义，就是绣成锁链的形状，循环向前。和轮廓线不同，它一般用于表现较粗的线条或带有柔软感觉的线条。

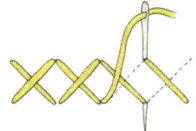

十字绣 Cross Stitch

绣线交叉在中心形成 X 形的针法。

羽毛绣 Feather stitch

类似飞鸟绣的针法，形状呈 V 字形，反复上下循环。因整体看起来像羽毛，故得名。

千鸟绣 Herringbone stitch

呈斜线方向上下交叉的针法，类似十字绣。不同之处在于交叉点上下部分的长度不同。

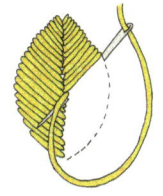

缎面绣 Satin Stitch

斜线或横线方向紧密地连续刺绣，是满绣最常用的针法。如果绣得好，成品会像缎面一样平整。主要用来绣花的叶子或树叶。

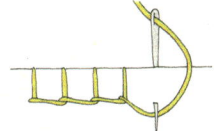

扣眼绣 Buttonhole stitch

用于绣扣眼或给轮廓收边，又称为锁边绣（Blanket Stitch）。刺绣中常用于表现花叶，也可用于贴布。

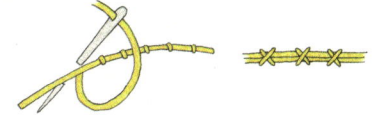

钉线绣 Couching stitch

用细线固定粗线的针法。中间的线条根据图案要求绣好后，换成另外一种线，在线条外侧绣成 X 形或直线，用以固定内侧线条。一般用来绣植物的茎或是文字。

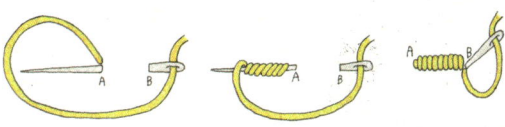

卷线绣 Bullion stitch

从下往上出针后，把线围着针绕几圈后拔针。常被用来绣玫瑰花，所以又叫卷线玫瑰绣。

Hakuna Matata!
哈库呐玛塔塔!
故意大声喊出来,
果然整个人都觉得放松了!
多一点玩世不恭,
多一点自由,
多一点爱,
哈库呐玛塔塔!
别担心,一切都会好起来的!

和女儿做的捕梦网挂在一起,迎风飘扬。

带有印第安帐篷装饰的小旗子

在济州岛海边捡回的树枝上绑一圈蕾丝，剪一块大小适合的印花布，绣上印第安帐篷图案，再在周围点缀一些简单的绣花，个性的小旗子就做好了。

1. 剪两块旗子形状的亚麻布作为前后片，在前片上按照图示进行刺绣。
2. 将蜡染布裁剪成帐篷形状，按照图示绣出花纹，最后用轮廓绣锁边，使图案更加鲜明。
3. 将完成刺绣的前片和后面正面相对缝好，注意留出一段不缝作为返口。
4. 通过返口将布料翻转，将尖角处整理好，把除顶边外的其余三条边车缝牢固。
5. 在距离顶边两厘米的位置绣上彩带装饰（尖角处可以缝个小铃铛）。
6. 把蕾丝缠绕在树枝上，再用绳子悬挂即可。

用颜色漂亮的绣线刺绣时,
就连炎炎夏日里嗡嗡的知了声都听不见了。
与自己寂静独处的时间……

衬裙夫人（Crinoline Lady）

提到克里诺林（Crinoline）图案，恐怕做刺绣的人没有不知道的。它是法国刺绣的代表图案，也是人们在学习西方刺绣时最想挑战的一种图案。

克里诺林裙是中世纪女性为了让裙摆看起来更蓬松而在裙子里面增加的衬裙。人们把那些穿着鼓鼓的裙子，戴着大檐帽或打着阳伞的优雅女性称为"衬裙夫人"。这种图案只需用几种简单的绣法就能完成，对于新手来说也毫无压力，而且精致的裙摆和背景的庭院交相呼应，很容易就能塑造出一种华丽的氛围。网络上有很多关于衬裙夫人的免费图案，大家不妨多试几种，熟练之后还可以自己创新出新的图案来。克里诺林裙图案可以广泛应用在围裙、靠垫套和窗帘上。

用红色或蓝色的纯色绣线,采用轮廓绣或回针绣的针法对线条进行勾勒,叫 Redwork 或 Bluework。将传统的克里诺林图案变形为克里诺林裙图案,简单地用 Bluework 绣出轮廓,鲜花处可多用几种颜色,作为图案的重点。把作品放进复古木质相框,再贴上一块蕾丝布,就是一件精美的作品了。

衬裙夫人图案及绣法

根据传统的衬裙夫人图案，穿插多样的绣法，花费些时间绣出来的作品固然很漂亮，但初学者也可以简单利用一两种绣法完成作品。大家不妨试着参考下面的图案来创作出属于自己独有的作品。

兴趣的发现

四
—

REFORM

小改造，大不同　|　旧物改造

　　给旧椅子重新刷漆；在孩子们小时候用的三层小书架表面钉上木板，做成田园心形床头柜；把用完的油漆桶变身为给孩子们装文具的收纳桶；将大酱吃完后剩下的塑料盒改造成带有珐琅感觉的多用途收纳盒；把粗糙的苹果木箱打磨平滑，做成工具箱、装花盆的架子或邮箱等。

　　我沉浸在将旧物变废为宝的快乐中不能自拔。如果发现路边有木头边角料或装苹果的木头箱子，就毫不犹豫地拎回家开始旧物改造。手上伤痕累累，砂纸打磨时飞溅的粉末甚至让我患上了眼病，可就算这样我仍兴致勃勃地红着眼睛在家寻找可以用来改造的东西，估计周围人看着我都会挺头疼的吧？我想那段时期可以称之为"kk 的疯狂改造时代"或是"kk 手工的春秋战国时代"。

拥有了苹果箱子就拥有了全世界!

那段时间,我看到村子里的小商店或大型超市门口摆放的一排排没人要的空苹果箱就会两眼放光,生怕别人抢走似的立马拎走,还一边走一边琢磨做什么好。改造苹果箱子其实并不容易。首先需要一一拆分,然后打磨(将粗糙的表面打磨光滑是非常锻炼臂力的一件事),最后按照设计需要重新组装。你以为这样就足够了吗?还早呢。为了延续旧木头原有的复古感,需要在上漆之后故意蹭掉一层,然后把自己喜欢的句子一个字一个字地做成模板印上去。如果没有这些字,整体感觉会显得比较单薄。最后再在表面刷一层清漆,才算彻底完成。用脱胎换骨来形容再合适不过了。复杂的改造过程中,我偶尔也会问自己:"费那么大劲是何苦呢?"但是当看到焕然一新的作品诞生时,之前的苦恼和疑惑就都烟消云散了,取而代之的是满满的成就感。这就是旧物改造的魅力。2006年到2007年上半年,认为拥有了苹果箱子就拥有了全世界的kk是幸福的。

01

02

03

04

01-03 用苹果箱子改造的各种储物盒
04 用葡萄酒木箱改造的小边桌

不同于苹果箱子需要事先打磨,葡萄酒木箱可以直接拿来用。首先用烙桐法把废旧木材放在火上烘烤,使木材的纹理更加鲜明可见,这样处理后的木材用来当作边桌的桌面。然后给葡萄酒木箱上色,安装小鸡形状的把手,做成可拉伸的抽屉。最后利用剩下的木料做成四条腿组装在一起,复古风的小边桌就做好了。虽然这件小家具做法简单,但我却对它情有独钟。

几年的时间过去了,现在每当我看到这些当年精心改造的物品时,脑海中就会浮现出那个热情满满的 KK

改造前

改造后

迷你铁丝柜的变身

　　知道我喜欢旧物改造的朋友直到现在看到路边有木箱子或别人丢弃的椅子还会捡回来拿给我。这个灰头土脸的木箱子也是几年前一个朋友给我的。体积比苹果箱子大不少，结构也非常结实，真是除了脏点没有别的缺点。我用毛刷掸掉灰尘，又给它洗了个澡，放在阴凉处晾干。一周后，我先用木头边角料做了四条柜子腿，又在箱体里面加了一层隔板，还新做了一个抽屉，最后用大小合适的铁丝网做成柜门，铁丝柜就完成了。

　　这个蓝色小柜子就这样使用了很多年，不过最近我又把它翻新了。铁丝网容易积灰，这次我把铁丝网拆掉，换成了亚克力透明板，然后将柜体颜色重新漆成薄荷绿，又换了个新把手，完全不同感觉的迷你小柜子就改造完成了！

现在的我会根据需要来进行旧物改造,不会像以前那样,不管什么都拿过来改造一番。比如这个柜子,我把容易积灰的铁丝网换成亚克力板,还将把手换成了更容易抓握的样式。以前我更注重美观,现在则更加强调物品的实用性。

三条腿的小板凳平衡比较差，坐起来不稳当，我便把葡萄酒箱子和板凳合二为一。箱子里用薄板分成几个小格子，用来分门别类地存放缝纫用的各种辅料。每次缝东西的时候就把这个缝纫桌放在旁边，真是再实用不过了。

01-02 用葡萄酒木箱和板凳制作的缝纫桌

在葡萄酒木箱内用板材作为分割,再刷上自然的木色漆,最后将其和三脚板凳合体即可。

03-04 北欧风迷你碗柜

先将碗柜的雏形组装好,然后柜体刷上自然的木色漆,门板刷上淡黄色漆,柜体内壁贴上北欧风的贴纸即可。

在一个万物苏醒的春日里，
我内心里的某个想法也在蠕动。
对！我想起了它们！
截然不同却又完美搭配的两种材质
——铁艺和松木！

铁制桌子和年糕板的相遇

　　我现在居住的庭院以前是一个颇具规模的农场,所以农场里藏了不少"宝物"。当然我所说的"宝物"对于其他人来说也可能是没什么用处的东西。开始旧物改造以来,除了木材,其他材质我基本没有用过。有一天,我在农场一个角落里发现了一张旧桌子。桌面不是实木的,桌面下起固定作用的铁制横杠也快掉下来了,而且到处都是被腐蚀的痕迹,非常破旧。不过,细细的铁制桌腿保存完整,样式也很漂亮,这让原本不喜欢铁制材质的我眼前一亮,暗暗决定有朝一日一定要给它配一个合适的桌面。

　　去年假期,我回到家乡,听说一辈子生活在农村的大姨因为健康原因搬到了城市生活,而她的全套家当还留在老房子里。向来持家有道的大姨把屋子收拾得井井有条,我在屋子里溜溜达达,忽然瞧见了院子角落里靠墙放置的一块年糕板。做年糕的时候,需要把糯米粉揉成团放在年糕板上,用杵子用力地来回敲打。年糕板在城市并不多见,但在农村还是需要经常用到的。这块年糕板很多地方已经褪色,到处都是刀痕,甚至还有些发霉。虽然一时想不到它有什么用处,但我还是固执地先放到车里拉走了。

1 将MDF（译者注：中密度纤维板）制成的老旧桌面取下扔掉，把年糕板放上去，发现大小刚刚好。
2 生锈的铁制桌腿用砂纸重新打磨，用黑色的喷漆对准脱落的部分喷涂，最大程度地营造出复古自然的风格。
3 把年糕板喷湿，用刷子洗掉霉菌和灰尘，放在阴凉处晾干。
4 保留粗糙桌面上的使用痕迹固然给桌子带来一种历史感，但在实际生活中使用起来并不那么方便，所以我在桌面上薄薄地刷了一层天然成分的油，既能起到防水的作用，也能使木头纹理更为清晰。

小时候大姨家就在我家隔壁,每到节日,两家人就聚在一起做年糕。孩子们吃得最开心,嘴边总是沾满了豆沙馅。现在,每当用手拂过这块松木桌面,我仿佛就能立刻感觉到妈妈和大姨的体温。

用充满儿时回忆的年糕板制作的桌子,又将制造出新的回忆。

一本本精心收集来的外国精装本装修画册、荡涤心灵的唱片,还有园艺相关书籍,封面朝外摆放在开放式书架上,阳光轻洒,微风吹过,光是摆在那里看着就觉得很美好。书架是用DIY网站上买来的杉木半成品制作的,喜欢旧物改造的我又增加了一些木材边角料和名牌,这样书架才能与众不同。书架前面的椅子是把别人扔掉的旧椅子捡回来,刷漆打磨后完成的,是不是很有复古风?

最近旧物改造的新作品——属于我自己的温馨园艺区
我爱这个越来越有"人味"的家!

我爱椅子

i like chair

变身椅子大集合！

我特别喜欢椅子，它身上的每一点我都喜欢。
从小学时坐的最多的木头椅子，
到后来的沙发椅、高脚凳……
椅子最会安慰人，特别是那些疲惫的人们。
它还有把人们聚在一起的魅力。

兴趣的发现

五

VINTAGE

旧物带来的浪漫 | 收 藏

　　我家中和店里的很多物件都可以用"VINTAGE"这个词来形容。来店里的人偶然看到瓷器旁边零星摆放的老物件时,时常会惊喜地喊"这个东西小时候我家也有!"甚至有的外国朋友也会这么说。相比那些崭新的东西来说,我更喜欢旧物。"VINTAGE"这个词并不单纯指老的、过时的东西,它还掺杂着小时候的回忆、妈妈的青春,以及各种关于过去的故事。当我到了记忆中妈妈的年纪后,会时常依着回忆去翻妈妈的衣柜,或是想起小时候卧室墙上挂着的包袱布,追问:"现在这块布在哪儿?上面的绣花是妈妈自己绣的吗?"

　　外国的古董因为蕴含着和我们不同的文化而更加有魅力。有一次看外国老电影时,深深吸引我的不是剧情,反而是电影里的各种美轮美奂的道具。

我爱古董
i like vintage

　　田园、复古、旧物……喜欢的种类太多,以至于很难用一个词来定义我喜欢的类型。喜新不厌旧的我,似乎总能找到我与物品之间难以割舍的感情纽带。随着时间的流逝,我慢慢找到了属于自己的风格,并以此为乐。

　　喜欢古董和复古的物品,似乎在 vintage(复古)这个词诞生以前就已经开始了。因为除了那些有意收藏的物品以外,不知不觉中也囤积了不少家人和朋友用过的旧家具和一些小物件。这些收藏品大部分和我的兴趣爱好有关,比如和咖啡相关的用品、缝纫机等缝纫用品、青春期时代总爱拎在手里的收音机等。特别是当时作为嫁妆的必需品——缝纫机,我一共收藏了6台!母亲给我一台手动缝纫机和落地柜式缝纫机,小姑子给我一台工业用缝纫机,还有两台只能看不能用的手动缝纫机,以及这次新买的兄弟牌手动缝纫机(估计以后还会继续增加)。

　　在竞拍网站上以超值价格拍到的双人学习桌椅套装、住在釜山的朋友寄过来的还留有肥皂印的科学室椅子、印度旅行时买到的印度人日常生活中实际使用过的灯和牛奶桶、估计年代很久远的一张田园风旧桌子……这些物品光看着就让人觉得很满足。爸爸总戏称我这个小女儿是"收破烂儿"的。

　　有意无意按照自己喜好收集来的物品越来越多,貌似我也称得上是一个"收藏家"了。这些物品和我在乡下的家以及家里的手工作品相映成趣,共同营造出了一种复古田园风的家庭环境。

　　扔掉就是"废物",留下来并放在适当的位置就变成了"宝物",这就是收藏的魅力。

* 对KK来说,什么是vintage呢?充满回忆和故事的、有年代感的旧物——这就是我带有强烈主观色彩的定义。

01　美国著名作家将自己用过的打字机送到拍卖行竞拍而出名的 Olivetti Lettera32 打字机。
02　搬到这个曾是农场的家中后，在仓库发现的带有漂亮复古花纹的绿色缝纫机。
03　二十世纪七八十年代生产的薄荷绿色兄弟牌手动缝纫机。兄弟公司说可以提供维修服务，我打算哪天送去修修。
04　二十世纪九十年代初生产的韩国本土金星牌吐司机。大红色的机身上点缀白色花朵图案，非常漂亮。不过因为电线老化，只作为装饰品，无法再使用了。
05　通用电气公司生产的复古收音机。市面上很难找到相同的型号，所以身价很高。
06-07　只要图案和样子好看，不管有没有生锈都会收藏的铁皮盒子。玫瑰花和三色堇图案的圆形铁皮盒，以及堇菜图案的方形铁皮盒。
08　即便生锈也好看的咖啡桶。
09　也许是因为喜欢养花，所以也收集了不少园艺相关的复古风图册。
10　就像小箱子上的图案一样，海兰也会特别珍惜地使用这个红色小箱子。在复古物品网站上买到的，就是因为特别喜欢这幅画。
11　朋友送我的高脚凳，说是花一千韩币从商人父亲那里买到的。原来的椅凳很脏，我把它重新上漆后又故意打磨成复古风。
12　也是朋友送的儿童椅。我把原有的不锈钢椅子腿漆成了薄荷色，但保留了原来的木质椅面。

可以在日常生活中用到的收藏品

01 小时候妈妈喜欢的盘子，印象中总是整齐地摆在橱柜里。现在妈妈把它们给了我，我在喝下午茶的时候会用到它们。
02 迎春花一样的黄色 fire king 咖啡杯，看着就会心情变好。有些轻微掉色，但我最爱在喝咖啡的时候用到它。
03 好朋友送的卷丹花图案牛奶杯，韩国本土产，非常漂亮。据说是她从妈妈的橱柜里"偷"来的。
04 还是来自妈妈橱柜里的茶杯。妈妈整日在地里忙活，但只要到了教会礼拜日，就会拿出最漂亮的茶杯和茶碗招待朋友。
05 带有精美公鸡图案的珐琅水壶。壶盖上的玻璃把手摔坏了，只能冬天放在暖气上把热水放进去当加湿器用。

06 被设计和颜色迷住而购买的电风扇。看惯了立式电风扇，偶尔看到老款的桌式电风扇，有种耳目一新的感觉。现在放在女儿书桌上使用。

07 带盖的复古款式小罐子。女儿用它来装自己的糖果。

08-10 喜欢各式各样的复古台灯，所以慢慢收集了三个。现在都在用。

11 拥有简洁的北欧风图案和清爽的蓝色色调的日本保温瓶。容量很大，外出野餐时可以同时招待多个朋友喝茶。

12 先生年轻时用过的熨斗，现在我在用。

13 二十世纪八十年代美国产吐司机，几乎还和新的一样，是朋友送给我的礼物。只要连接变压器就能使用，现在每天早上都忙着给我们家烤吐司。

制作带有家人回忆的收藏品

爱收集复古物品的习惯养成以后，在购买新物品的时候也多了许多考量。

我们希望把现在使用的物品将来传给儿女们继续用，因为这代表一种回忆和感情的传递。所以我们在买东西的时候，看中的不是便宜的价格或是拥有多少功能，而是结实耐用，以及设计经典不容易过时。为孩子们缝制衣服用的缝纫机、听 LP 音乐用的唱片机、调频收音机……这些带有孩子成长印记，甚至上面还留有妈妈手上气味的物品，会在孩子们手中继续创造回忆。

以结婚纪念日为借口购买的复古黑胶唱片机。先生觉得音响效果一般，但只要外形复古漂亮我就满足了。

唱片机和 LP

去年秋天，和孩子们去东关跳蚤市场时，看到了以前喜欢听的披头士的唱片。不知道是不是当时还下着秋雨的缘故，伴随着轻微摩擦声流淌出的披头士音乐让我想起了很多往事。

在一个秋夜，我们把在跳蚤市场买到的 LP 唱片放进了红色唱片机。尖尖的指针刚一接触到唱片，带有吱吱杂音的披头士音乐就立刻响了起来。孩子们第一次看到唱片机，觉得很好玩，我们夫妇则陶醉在这充满回忆的音乐中。

印度旅行时买到的复古小物件

01 **复古风保温瓶** 在印度街头看到一个制作印度奶茶的小伙子拿着这个保温瓶,我们从他那里问到了当地市场的地址也买到了。这个保温瓶和小时候用的保温饭盒类似,里面是不锈钢材质,很卫生。后来我们还想再买几个,又去了一次印度,但很遗憾没有找到相同的款式,据说现在只有内外都是不锈钢颜色的保温瓶了。图中瓶子上的花纹是我自己买来包装纸重新改造的。

02 **怀旧风茶杯套装和提篮** 这是配送印度奶茶时用到的小提篮,和我们在市场里买到的茶杯套装大小正好吻合。我们用玻璃瓶代替杯子,打算用来装饰食物,不过海兰说她打算把玻璃瓶换成塑料杯用来装文具。

03 **油灯** 电影老片中经常出现的油灯,在现在的印度也是生活必需品。下雨天点上油灯,昏黄跳跃的灯光很容易营造出一种温馨又安静的气氛。

04 **牛奶桶** 很喜欢它的外形,觉得插花应该很合适,就买了几个。现在印度也很少用这种牛奶桶了,大都用不锈钢或塑料材质来代替。这些牛奶桶在我家主要起到花瓶的作用。

05 **烛台** 柱子是木头材质,两端是黄铜,用古董烛台点蜡烛感觉很有意思。

06 **刺绣手提包** 具有强烈印度民族风的手工刺绣手提包。每次看到它都会再次萌生去旅行的冲动,它是世界上独一无二的手工旅行包。

07 **饼干铁盒** 在印度大型超市买到的打折饼干盒,因为快到期了,所以折扣力度很大。现在盒子被我用来装缝纫用品。

我是一个性子很急的人,可以说我称第二就没人敢称第一。然而这样的我却喜欢自己做手工,使用自己做的东西,过一种"复古"的生活。

我不会因为是别人用过的东西,或是旧的,就不去用它。相反,因为喜欢旧物,我还会特意去寻找生活中能够用得上的老物件。在这个日新月异的数码时代,我想让时间过得慢一点,再慢一点。这就是我的"原始生活"。

我喜欢篮子
i like basket

篮子是我喜欢的装饰品之一。
它本身既是装饰品，又可以用来收纳，实用性非常强。
旧的古董竹篮因为越来越少，所以价格偏贵。
不过新篮子里面也有很多很漂亮的，稍微装饰一下，
就是属于自己独一无二的篮子了。

01 大阪旅行时，在每年四月份举办的跳蚤市场上买到的篮子。编织得非常紧密结实，复古的卡其色也很招人喜欢。
02 在谭阳买的方形大竹篮。平时用来存放缝纫用品，外出野餐时也会用来装食物。
03 底小口大的长竹篮，设计独特，是在日本购买的。
04 在画家之家买到的英国复古竹篮，想着用来插花应该很美。
05 南园旅行时买到的竹篮，花纹好像手绣上去的，非常漂亮。因为带个盖子，所以用来做收纳盒非常合适。
06 在日本买到的粗编竹篮。夏天时铺上一层亚麻布，里面放上玻璃杯，看到它心情也会轻快起来。
07 外形法式复古，很多人认为是二手品，其实是我在 E-MART（易买得）超市花很少的钱买到的。

彼之砒霜，吾之蜜糖！
同一样东西，待遇可是千差万别呢。

有孩子的父母,
或是喜欢种花的人,
都曾梦想过拥有一间
带院子的房子。
住在庭院中的我,
是幸福的。

兴趣的发现

六
—

GARDENING

院子里的游戏 | 园 艺

漫长的冬天过去，到了2月份，就该迎接春天了。院子里虽然还是一派冬天的景象，但我就像筑巢的麻雀一样，闲不住似的开始在花园里溜达，琢磨着干点什么。后来我去市场买了几盆报春花，还有不知道能开出什么颜色花的风信子，回家后移盆放在窗台上。不管怎么说，我已经把"春天"先带到了自家小院里。没几天，院子的角落里突然热闹了起来，原来是可爱的小鸟被绿色吸引了过来。叽叽喳喳的叫声仿佛在向春天问好。

3月的第一天，乍暖还寒。
首尔的亲戚们来到乡下，和我们一起迎接春天。大花盆里种上了郁金香、葡萄风信子、小苍兰和报春花，算是给我们这对多情母女的礼物吧。

他们说：你把冬天送走了，谢谢你。

移盆方法

从花店里买来的花或其他植物一般都种在塑料花盆里,花盆空间有限,植物无法从土壤中吸收充足的养分。把植物移到大小合适的花盆中才有利于养分的吸收,这样养出来的花或植物才会长得好。

材料
花、花盆、排水网、沙土或树皮、营养土、花铲

1. 将排水网修剪到合适大小铺在排水孔上(如果没有排水网,用装洋葱的网代替也可)。
2. 排水性好的沙土或树皮平铺在盆底,作为排水层。
3. 上面铺上营养土,大概厚度为花盆的1/3或2/3。
4. 将需要移盆的花盆用手轻按或敲打,让土慢慢脱离盆壁,随后轻轻将植物往外拉(不要将根茎上的土搓掉,稍微整理一下缠绕在一起的根茎即可)。
5. 把植物连土放在花盆中央,用花铲把剩下的营养土填充到花盆中(注意不要使劲按压或填土过于松散,力度要均匀,给予植物适当的呼吸空间)。
6. 浇花时为了不让土浮出水面溢出来,可以适当在土层表面薄薄地铺一层树皮或青苔。
7. 移盆结束后需要浇水,让土壤吸足水,之后放在避光的地方。

园艺需要用到的工具
长雨靴、水壶、手套、修枝剪、花铲、
装土的篮子、大水盆、大檐帽

坐在巴掌大的院子里清理野草，
从繁忙的日常生活中暂时脱离出来，
一朵一朵地"看望"那些我种的花儿。
看着看着，心底里便升起一种感动和幸福感，
这种感觉和花盆里种了几朵花无关，和院子的大小也无关。
院子是我的治愈良方，
我每天感受着，幸福着……

天竺葵和土盆

不易生虫，冬天抗冻，稍加照料就能一整年都开出漂亮花朵的天竺葵，是我特别喜欢的花。它和朴素的土盆最为搭调。

天竺葵的香味比较浓，有些人不喜欢，但却有驱赶蚊蝇的效果。到乡下生活以后，我家就陆陆续续种了很多天竺葵。据说在欧洲，人们认为天竺葵能赶走厄运，一般把它放在窗户或阳台上，用来阻挡不好的事情。我们很容易在一些欧洲电影或照片中看到家家户户种满天竺葵的景象。

那年冬天我在印度旅行时，一位野生花方面的专家为了庆祝我的新书《浪漫的乡村生活》上市，特意送给我一盆天竺葵。有历史感的土盆里，是精心培育甚至已经木质化的天竺葵。它安然度过了寒冬，今年春天不知道开了多少花，漂亮极了。我非常喜欢这个礼物，谢谢！

天竺葵 Geranium

又名洋绣球,属牻牛儿苗科,多年草本生植物,原产地非洲。叶片呈心形,根据种类的不同,高度可达到 30 厘米至 1 米。花期也分只春夏季开花和一年四季都开花等很多种。花叶干燥后可用来制作干花或沐浴产品,花朵可泡茶,也可用来做沙拉。天竺葵的花语是"偶然的相遇,幸福就在你身边"。

KK 喜欢的天竺葵

苹果天竺葵 因茎部散发出清新的苹果香而得名。
玫瑰天竺葵 因叶子和茎有玫瑰花的味道而得名。
小妇人天竺葵 因花朵小,高度低而得名。根据颜色可分为猩红色、桃红色、粉色、肉红色、淡粉色、双色等。
深鲑天竺葵 花朵呈深杏色。同种类还有淡杏色,叫淡鲑天竺葵。
天竺葵藤 多分枝,呈蔓性,故得名。一般用吊盆来种植。
大花天竺葵 花呈紫色,类似薰衣草的颜色,又叫薰衣草天竺葵。

我喜欢花
i like flower

01 **三色堇** 仔细看它的花朵，是不是有些像人脸？我收集了不同颜色的三色堇，春天盛开时，让整个院子都充满生气。

02 **报春花** 早春时节，全身披着绒毛的它从坚硬的土地里冒出来的样子就像一个小"大力士"。花茎从花叶之间伸出，开出粉红色的心形花朵，每朵花都有 5 个花瓣，看起来特别可爱。利于繁殖，每年春天都能开出不少花。

03 **勿忘我** 青紫色的花朵静静地开放，看似柔弱却能过冬。

04 **荷包牡丹** 心形的小花穿成串儿，可爱极了。

05 **附地菜** 比勿忘我还要小很多的小野花，仔细看才会发现它的美。

06 **水仙花** 球茎植物，晚秋或初冬种在地里，在寒冬便能生根发芽，第二年春天便能开出花来。花期能长达一个月。

07 **长春蔓** 我家院子里最早开花的一个。枝蔓能下垂到地面上，属灌木类植物。繁殖性强，我已经分了很多给周围喜欢紫色花朵的朋友。

08 **铁线莲** 花叶伸展，是非常讨人喜欢的一种花。颜色多，生命力顽强，最好在旁边搭一个可供攀爬的装置。我家是把它栽在了窗边，挨着金银花一起生长。

09 **欧洲荚蒾** 花朵最初偏淡绿色，后变为白色。每年夏天开花，秋天渐渐凋谢，但花枝末端会变成淡粉色，也很漂亮。花朵干燥后会依然保持原样，特别适合做干花。

10 **百日红** 小时候在院子里看到过的花，一直到现在都非常喜欢，每年都坚持撒种播种。

11 **翠雀** 紫色的小花特别惹人喜爱,每年都会在我的小院里盛开。
12 **洋地黄** 在塔莎奶奶小院的照片里看到后非常喜欢,现在已经种了好几年。
13 **鸢尾花(爱丽丝)** 看过梵高的画作《鸢尾花》后就爱上了它,立马种在了院子里。绿色的尖头花叶和紫色的花朵形成鲜明的对比。
14 **百合(蒙娜丽莎)** 百合的种类有很多,图中的蒙娜丽莎香水百合花朵呈粉红色,花蕊呈红色,香气逼人,非常漂亮。
15 **马兰** 秋天尤喜欢紫色的小野花,于是种下了不少马兰,期待盛开的那一天。
16 **洋蔷薇** 先生喜欢的花,每年都会种一些。奇怪的是它本来是很好种的花,第二年也会继续开花,可是它在我家却只能开一年。
17 **风船葛** 能开出非常小的小白花,气球状的果实里有心形的种子,哪里都那么可爱。每年把种子收集好,第二年再种下,就又能开花结果了。
18 **金光菊** 夏天的乡间小路边非常常见的小野花。忘记是哪年从路边收集到的种子,无心种下,6月份居然开出了花。
19 **紫雏菊** 和金光菊长相相似,特点是花瓣整体向下垂。颜色有粉色和紫色,花期长,可过冬。

和闺蜜约好了见面，
突然想起过几天就是她的生日。
于是从院子里剪下几朵玫瑰，又摘了不少野花。
花的颜色和样子各不相同，但放在一起却特别协调。
闺蜜是一个特别容易感动的人，
我仿佛已经看到了她开心的样子，
忍不住得意地哼起了小曲。

院子里的花，是我为家人种下的。
我是花园的园丁，也是家里的花艺师。

01 花盆里养的花偶尔也可以插在花瓶里用来观赏。三色堇就非常合适。
02 去年秋天种下的郁金香花球，颜色魅惑。
03 院子里到处都是的白色苦菜花，经常摘也不觉得可惜。特别适合放在陶制花瓶里。
04 5月，白色的野蔷薇散发着迷人的芳香，此时在院子里喝茶赏花是再合适不过的了。

用来自大自然的花材制作花环

  圣诞节快到了,我打算做一个挂在窗户上的花环来应应景,于是就戴上手套,拿上电剪刀和篮子出发了。做花环首先要准备花环的框架,我想起正好去年夏天看到过的软枣猕猴桃。它是藤蔓植物,春天开白花,夏天长叶,而且叶子特别茂盛。到了冬天,虽然叶子都掉光了,但枝蔓都还在。我把缠绕在一起的枝蔓小心地解开一部分并从最底下剪掉了一部分。在那附近,我还发现了晚秋收获时为了让喜鹊等鸟类吃到而故意留下不摘的柿子,以及野蔷薇结下的小小的红褐色果实。此外松树下的松果、橡树果我也捡了一些回来。
  虽然鼻尖上感觉到阵阵的寒意,但挎着这一篮丰富的自然花材,心里觉得暖暖的。我加快了脚步,想赶紧回家开始制作。

漂亮的干花、各种绒毛球,还有一些零碎的小装饰品花花绿绿地摆了一桌子。好奇心不亚于我的女儿海兰看到后眼睛都亮了,也加入了制作的队伍。

海兰的脑海中没有对花环的既存印象,这反而有利于发挥她的想象力,充分利用各种花材。不一会儿,一个与众不同的花环就做好了。

和女儿一起制作的花环比想象中的还要自然、漂亮,所以忍不住叫来去年秋天为准备《浪漫乡村生活》忙里忙外的几位编辑姐姐,来我家小院感受这份冬日的浪漫。软枣猕猴桃的藤蔓只要随意剪下几段,就能制作出同样风格的花环。自重轻,又便于抓握,最重要的是花环整体散发出一种迷人的自然气息,给人以温暖和亲近的感觉。

可能是秋天那会儿为了制作花环剪下的软枣猕猴桃藤蔓吧?
我把原本紧紧缠绕着柿子树生长的藤蔓稍作整理,
简单修剪后插进了花瓶,
没想到已经干枯的藤蔓上居然长出了嫩绿的叶子。
多么顽强的生命力!多么美丽的风景线!

兴趣的发现

七

COFFEE

用咖啡香气叫早 | 咖 啡

　　11月的清晨，天气微凉。院子里的枫叶全都变成了红色。送孩子们上学后回到家，我要做的第一件事就是冲泡一杯咖啡。把水倒进咖啡壶，打开收音机，我一边听着歌一边望向窗外。真是"满园秋色关不住"。

　　咖啡随着热水蒸气慢慢滴下来，首先享受到这浓浓咖啡香气的是鼻子。咖啡冲好后，将它倒在古董茶杯里，看到漂亮茶杯的是眼睛。最后，用来品尝咖啡味道的当然是嘴巴。

　　就这样，在一个温暖的冬日早晨，我又一次被咖啡唤醒了。

"我来教你怎么冲咖啡才好喝吧!"
一天,一个芬兰青年来到店主幸江开的餐厅,
向正在冲咖啡的幸江说道。
幸江下意识地点了点头。
青年走进厨房,往咖啡滤杯里挖了几勺咖啡粉进去,
然后,他把手指放进咖啡粉里,开始念咒语:
"kopi luwak"
"kopi luwak"
幸江也不自觉地跟着念起了咒语。
让咖啡变得好喝的咒语"kopi luwak"让原本平凡的咖啡一瞬间变身为印度尼西亚顶级麝香咖啡"luwak"*。

手冲咖啡

2007年看过电影《海鸥食堂》后,我萌生了学习手冲咖啡的想法。女主人公一边默念咒语一边冲咖啡的画面多次出现,给人非常深刻的印象。比起袋装咖啡,集中精神为某个人冲一杯满是心意的咖啡才更让人感动不是吗?

---

* 注:kopi luwak,麝香猫咖啡,又称猫屎咖啡。在印尼文中,kopi指"咖啡",而luwak是麝猫的一种。

手冲咖啡需要用到的工具

据说手冲咖啡源自德国,但让它真正流行起来,却是由日本人引发的。大多数的日本家庭都会备有一整套的手冲咖啡工具,已经非常大众化。因此在韩国流行的手冲咖啡用品品牌如kalita、hario等大都来自日本。手冲咖啡的味道会随着原豆品质、冲泡方法、使用工具的不同而产生明显的差异。不同材质的工具,价格也是千差万别。对于初学者来说,日本品牌kalita的普及型产品非常好用,我从入门到现在也一直在用这个牌子。

01 **烘焙原豆** 可以在网上购买到不同产地的刚刚炒好的咖啡豆。
02 **kalita 磨豆机** 研磨咖啡豆的工具。分电动和手摇两种,我更喜欢后者。这款磨豆机虽是实木材质,无法清洗,但我特别喜欢它的古典造型,所以经常使用。偶尔把大米放进去磨一阵可以起到清洁的作用。
03 **滤纸** 冲咖啡时需要将咖啡粉倒进滤纸里,再用热水冲。不同的滤壶配有不同的滤纸。
04 **kalita 陶瓷滤杯** kalita 陶瓷杯在萃取过程中可以进行良好的保温,且比塑料制品更加安全环保。具有3个滤孔是其特点。
05 **kalita 手冲达人壶** 珐琅制品,具有良好的保温性和耐热性。壶嘴长扁,方便控制出水粗细。时尚的红色和造型让人一见倾心。
06 **kalita 经典不锈钢手冲咖啡壶** 平日拿来练习注水用得最多的壶。出水调节非常方便,不锈钢材质也经久耐用。
07 **kalita 滤滴壶** 用来接萃取好的咖啡,耐热玻璃不易炸裂。使用前最好先用热水烫一遍进行预热。
08 **陶瓷杯** 家里只有一两个人喝咖啡时不用太正式,这种陶瓷杯就很方便。

* 初学者刚开始学习手冲咖啡时,总爱把一整套工具都备齐。但有时候反而因为工具太过复杂细分,而削弱了学习的热情。精选适合自己的工具和方法,才能享受到手冲咖啡的乐趣。

手冲咖啡萃取方法

1. **将适量烘焙好的咖啡豆倒进磨豆机。**
   每次用多少磨多少,磨得不要过细也不要过粗,中等程度为佳。磨得太细容易使咖啡豆丧失原有的香味,或者使冲出来的咖啡味道过于苦涩。磨得太粗则咖啡味淡。
2. **把滤杯放在滤滴壶上。**
3. **折好滤纸放入滤杯整理平整,将磨好的咖啡粉(一人份10g即可)倒入滤杯中。**
4. **将开水倒入咖啡壶,然后向滤杯内注水。注水时按同一个方向画圈,保持均匀。**
5. **看到咖啡粉稍稍上浮后停止注水,焖蒸30秒。**
   越是新鲜的咖啡粉,膨胀的就越明显。
6. **咖啡粉慢慢下沉后再注水3~4次,反复这一过程。**
   如果冲出的咖啡过浓,可以兑一些温水进行稀释。

手摇磨豆机发出的"嗒嗒嗒"声,
特别像我小时候乡下家里的大门开关的声音,
听起来尤为亲切。
研磨咖啡豆时发出的阵阵咖啡香让我精神更加集中。
将热水浇在咖啡粉上,看着咖啡粉一起一伏,
我的心也跟着起起伏伏,充满期待。
空气中到处弥漫着咖啡的香气,让人陶醉。
手冲咖啡即可以为别人,也可以为自己。
冲咖啡的过程对我来说也是一种享受。
这就是我爱上手冲咖啡的原因。

Chemex Classic 经典手冲滤壶

纤细的腰身搭配原木色手柄,外形简约典雅。滤杯和滴滤壶合二为一的结构可以阻断外部空气进入,在去除苦味的同时保留咖啡的香气,是一款非常经典的手冲滤壶。

半圆形滤纸折叠方法

Chemex 有专用的滤纸配合使用,有圆形、半圆形和方形几种,根据滤杯的形状选择即可。Chemex 滤纸中含有大麦成分,有去除咖啡杂味的效果。圆形和方形的滤纸可以直接拿出来使用。

1 整张滤纸对折。
2 将突出的圆形部分向内折。
3 再对折一次,然后整理成圆锥形即可。

Chemex 咖啡萃取法

1 将磨好的咖啡豆倒进滤杯,用盛满开水的咖啡壶向杯内慢慢注水。
2 按照指针方向画圈注水,注意速度不要过快。看到咖啡粉浮起后停止注水,等待 30 秒。
3 咖啡粉沉下去以后再次注水,重复 3～4 次即可。

在煤炭炉上萃取咖啡的摩卡壶

  我算不上是个追求完美的人,手冲咖啡的丰富味道已经让我很享受了。不过在需要烧炭取暖的冬天,我更喜欢用摩卡壶来冲泡咖啡。把摩卡壶放在烧得红红的煤炭炉上,眼看着壶里慢慢沸腾,咖啡油脂和滚烫的水蒸气一边翻滚一边发出咕咕的声音,也是一种乐趣。用摩卡壶萃取的意式浓咖啡或拿铁,配合一块烤炉出品的红薯,是我家冬天最棒的早午餐。

* 咖啡油脂(Crema)是意式浓咖啡萃取过程中产生的棕色泡沫,新鲜的咖啡粉会制造出大量的咖啡油脂。

用摩卡壶萃取意式浓咖啡的方法

最早的摩卡壶是意大利人 Alfonso Bialetti 在1933年制造的,放在下半部分的水煮开沸腾后,会通过装有咖啡粉的网状滤器喷入壶的上半部分,制作出意式浓咖啡。

1 把摩卡壶的上、下部分和过滤器拆开,往下半部分注水,高度要低于安全阀。
2 将磨好的咖啡粉填满过滤器,拍紧。
3 把上下两部分安装在一起,注意要拧紧(如有缝隙会导致压力不足)。
4 将摩卡壶放在火上等待2、3分钟,看到有热气冒出来,发出嗞嗞的声音时,说明萃取已经开始了。
5 在产生气泡前将摩卡壶从火上拿下来。
6 按照个人喜好可以加牛奶调成拿铁,也可以覆盖一层冰激凌制成阿芙佳朵享用。

01 意大利 Bialetti 水晶摩卡咖啡壶(4杯)
02 意大利 Bialetti 摩卡咖啡壶(1杯)
03 Ilsa Slancio 不锈钢摩卡壶(2杯)

咖啡渗滤壶

咖啡渗滤壶也是一种萃取咖啡的工具。它通过一根连接上下部分类似吸管的管子将热水倒入顶部,和上半部分中的咖啡粉混合后萃取咖啡。咖啡壶有电动的,但这种可以在明火上使用的咖啡壶也非常受欢迎。有些咖啡专家认为在煮的过程中咖啡的香气会消失殆尽,并不推荐咖啡渗滤壶,但我因一次偶然的机会喝到用渗滤壶煮的咖啡后,就立刻爱上了它,想马上买一台复古造型的咖啡渗滤壶搬回家。在寒冷的冬季,用渗滤壶煮咖啡,会让整个房间都暖和起来。

咖啡渗滤壶萃取法

1. 往咖啡壶中注水。
2. 将磨好的咖啡粉填满过滤器,放进咖啡壶(用渗滤壶煮咖啡时,咖啡粉最好磨得稍微粗一些)。
3. 水煮开后通过管子均匀地分布在咖啡粉上,过一会儿就能喝上香浓的咖啡了。

介绍几款复古咖啡渗滤壶

为了喝上渗滤壶煮的咖啡,我开始四处寻觅合适的咖啡壶,后来发现了这套加拿大产的电加热咖啡壶。美国的铝制咖啡壶和很多人喜欢的不锈钢材质的明火咖啡壶也见了不少,但最后经过考虑还是买了这套电加热咖啡壶。颜色明快、造型美观,3件放在一起也显得非常协调。

01 **黄色咖啡渗滤壶** 外形设计和颜色都令我满意,但壶身是塑料材质,算是一个缺点。总觉得塑料制品经常加热不太安全,所以现在主要用来观赏。

02 **橄榄绿色咖啡渗滤壶** 复古的橄榄绿色和盖子处的透明部分是亮点。虽然可以随时通过透明盖子查看咖啡的情况,但每次工作时都会产生令人极其不安的杂音,而且煮出来的咖啡只有苦涩,没有香味,中看不中用。

03 **棕色咖啡渗滤壶** 原本是3个里面最不抱希望的一个,但却是现在最经常用的。使用时没出过任何问题,咖啡的味道和香气也较好地保留了下来。

我爱咖啡

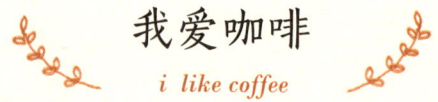

用不亚于咖啡厅水准的意大利浓缩咖啡制作各式咖啡

拿铁咖啡制作方法
Latte

在意大利浓缩咖啡中倒入沸腾的牛奶泡沫，如果是薄薄的一层就是拿铁，如果厚度超过1厘米就成了卡布奇诺。

玛奇朵咖啡制作方法
Macchiato

玛奇朵在意大利语中是"印记"的意思，为什么会留下印记呢？

A 用摩卡壶制作一杯意大利浓缩咖啡（最近很多人家里配备了意式咖啡机）。
B 加热牛奶，打出泡沫。
C 倒入大约1.5cm厚的糖浆，再倒入B中的牛奶至七八分高度。
D 意大利浓缩咖啡和牛奶相遇后，奶沫表面会慢慢透出意大利浓缩咖啡，这就产生了一个个"印记"（根据季节还可在最上面覆盖一层生奶油）。

阿芙佳朵咖啡制作方法
Affogato

阿芙佳朵在意大利语中意为"淹没"。在冰冷的冰激凌上倒入滚烫的意大利浓缩咖啡原液，倒是符合这个名字的原意。香甜的香草冰激凌配合微苦的咖啡，挖一勺放进嘴里，味道真是好极了。

A 首先用咖啡机或摩卡壶制作一杯意大利浓缩咖啡（手冲法也可以，但要注意少放水，让咖啡味道浓一些）。
B 挖两个香草冰激凌球摆在杯子里（超市里买的香草冰激淋就足够了）。
C 把刚煮出来的意大利浓缩咖啡一下子倒在冰激凌上（夏天也可以用荷兰咖啡来制作）。

KK 推荐的特色咖啡

肯尼亚 AA 咖啡豆
Kenya AA

生长在非洲海拔 1500～2000 米的肯尼亚咖啡等级相当高,是欧洲人最爱的咖啡之一。香气浓郁,味道丰富有层次感。我刚开始学做手冲咖啡时就用的这款咖啡豆,一直到现在都非常喜欢。

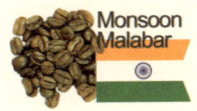

印度季风咖啡
Indian Monsoon

几年前的冬天,我去印度旅行时,一个好朋友知道我爱喝咖啡,特意从印度当地商店里买了季风咖啡,我才有机会第一次尝到它的味道。据说原来印度生产的咖啡一般通过船运送至欧洲,在运送过程中,咖啡长期暴露在潮湿的海风中,又经过船内自然风干,颜色会变成暗淡的金黄色,这就是季风咖啡的由来。季风咖啡有一种独特的香气,喝下去能同时感受到一股甜味和香味,据说现代人还会特意利用季风(西南季风)来干燥咖啡。在印度当地品尝的季风咖啡味道不是很浓,有一种类似锅巴水的味道。现在在韩国也能通过网购的形式买到印度的季风咖啡。

荷兰咖啡
Dutch Coffee

荷兰咖啡不用热水,而是用冷水经过 3～12 个小时萃取制成的。将磨好的咖啡粉放在滴漏里,在滴漏上面的水槽中一次性注入所需的冷水,然后用非常缓慢的速度让冷水滤泡咖啡。用这种方法制成的咖啡不会酸涩,且口感顺滑。特别是它的卡路里和咖啡因要低于其他的咖啡。夏天可以加冰块,或者代替意大利浓缩咖啡制作阿芙佳朵。

都市咖啡
Urban Pot

如果你喜欢尝试多种咖啡口味,可以申请订购 Urban Pot 的"本月咖啡套装",这样每月都可以收到三种不同口味的咖啡豆。用不同的萃取方式和多种口味咖啡豆,制作出不同风味的咖啡,也是一种享受。我就是这个网站的常客。每月入选的咖啡豆都是经过严格的盲品挑选出来的,非常有保障。
www.urbanpot.co.kr

咖啡博物馆
Caffe Museo

顾名思义,关于咖啡的一切都能在这个网站买到。制作意大利浓缩咖啡的各种机器、手冲咖啡所需用品、新鲜的咖啡豆、各种糖浆等都能一站式购全。我刚开始沉迷于手冲咖啡时,需要用到的工具就是通过咖啡博物馆买到的。不光能购物,这个网站还提供关于咖啡的各类信息和知识,对初学者来说非常有帮助。

兴趣的发现

八

PHOTOGRAPH

记录家人的每一天 | 摄 影

　　作为一个热爱摄影的人，全梦角先生的影集《云美的家》深深地感动着我。

　　已经离世的全先生留下了这本饱含父爱的影集，继续感动着他的儿女和千千万万的人。影集里记录了大女儿云美从出生到结婚后移居美国前的 26 年人生。想留下女儿所有成长瞬间的父亲甚至会偷偷到女儿约会的地方拍照，一张张黑白照片背后是父亲深沉而宽厚的爱。影集中"我的妻子"部分，记录了妻子从梳着两条辫子的少女，到初为人母，再到牵着孙女的小手跳舞的奶奶，和他一起慢慢变老的模样。要知道，这些照片是在全梦角先生被确诊为胰腺癌之后，为了遵守为妻子做一本影集的约定，带病坚持整理出来的。他对女儿、对妻子深深的爱再次让我感动不已。

　　《云美的家》让几乎整天拿着相机拍照的我再次意识到记录家人生活的重要性。

KK 的又一双眼睛，也是另一本日记

搬到乡下后的第一个生日，为了给热爱摄影的老婆买一台真正的相机，先生"省吃俭用"，把用来喝酒和抽烟的钱攒下来，换成厚厚的一沓钞票交到了我手上。先生特意强调了这笔钱的来之不易。好吧，看在这份心意上，我就恭敬不如从命，用这笔钱买回了我的第一台单反相机——kiss（这是我为相机取的名字）。

从那时起，我开始用相机记录生活，并把照片放到博客里。太郎和海兰小时候第一次去幼儿园的样子；搬到乡下后遇到第一场大雪，全家人在如童话般的院子里玩耍的情景；用苹果木箱改造橱柜的过程；一砖一瓦修建小家的那些辛苦又快乐的时光……都一一通过我的相机记录了下来，博客里也配上了相应的文字记录。

相机有一种魔力，它能让平凡的日子变得闪闪发光。日子一天天过去，眼看着太郎和海兰慢慢长大，原本破旧的农场在全家人的努力下蜕变成属于我们的"橘子城堡"。相机是我的另一双眼睛，它记录着关于我和家人的一切。鲜活的回忆有了照片这个载体，将会永远鲜活下去。

太郎和海兰的育儿日记兼成长记录

2005年夏天,结束了首尔生活,我们全家搬到了利川乡下。当时太郎3岁,海兰5岁。时光如白驹过隙,在大自然中健康成长的他们现在一个12岁,一个14岁。

春天樱花飘落一地的山间小路;秋天路旁红得耀眼的枫叶树林;自行车轮从四轮变成两轮后也不再害怕的太郎和海兰;被白雪覆盖的山路变成我家的滑雪场,一家人在雪地里追跑打闹的情景;每年生日都正好赶上春季陶瓷艺术节,一直没能像哥哥那样把朋友们邀请到家里开生日聚会的海兰要求多次之后终于获得我们的同意,在自己第一个生日聚会上露出的幸福表情;在游乐场荡秋千不小心掉下来摔个大马趴的冒失鬼海兰不知不觉成长为一个越来越有妈妈影子的小淑女;去印度留学那天强忍着没流下眼泪的太郎独自一人前行的背影;几个月后与剃了光头的太郎兴奋重聚的情景……照片一寸一寸地记录下了孩子们成长的脚印。

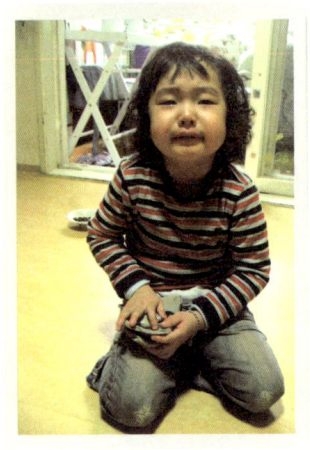

先生的作品集

我的先生是一位陶艺家。
自称是"喜欢玩土的家伙,金勇基"。
手一触摸到泥土,内心就会平静下来的他,竟然连一封电子邮件都没有发过,固执地过着朴素的生活。
这就是孩子们的父亲,我的先生。我想就这样陪伴在他身边,用照片记录我们的生活,也记录他作为陶艺家的闪光一面。

KK的手作日记

把作品拍摄下来已经成为我的习惯。这些照片中不仅收录了我的手工作品,还记载着太郎和海兰的成长瞬间、时常作为背景出现的"橘色城堡"的四季风光,以及我那充满热情的青春时光。拍照用的相机在不断升级,我的作品也不断发生着改变,孩子们也在一天天长大。这些照片就是我们一家的珍贵记录。以后,总是充满好奇心的我还将不断创造出新的作品,摄影这个爱好也将随之持续下去。每一天都是值得纪念的,不是吗?

01 好像是2006年?按照一本日本庭院设计书籍中介绍的方法制作的一个小凳子。拍下来做个纪念。

02 这个区域是我的手作工作区,照片中几乎所有物品都是旧物改造出来的。

03 喜欢拼布的感觉,就手工缝制了一个小书包,在一个阳光灿烂的下午拍照留念。

04 给女儿做了一个小挎包,女儿又一次成了模特。

05 记录8年乡村生活的《浪漫的乡下生活》当然也要通过照片记录下来。

只要相机在手,就是愉快的一天。

01　佳能 EOS 350D
DSLR，800 万像素，焦距转换系数 1：1.6，ISO 1600
这是老公把抽烟喝酒的钱省下来给我买的生日礼物——我的第一台单反相机（Digital Single Lens Reflex）。最初几年几乎每天都要用到，对我来说有着特殊的意义，现在传给太郎继续使用。普及型机型，是适合初学者使用的好相机。

02　佳能 EOS 5D
DSLR，1280 万像素，全画幅，ISO 3200
从朋友那里买来的二手相机。尽管当时已经是这款相机上市的第五个年头，但价格依旧坚挺。不过因为当时太心仪全画幅相机，就咬牙买下了。一直到现在都是我最爱用的相机。

03　佳能 EOS 5 胶片机
已经数码化的胶片机——不知道能不能这样描述？使用起来和佳能其他单反相机没什么两样，只不过需要用到胶卷而已。镜头可以和我其他佳能数码相机进行互换。如果用一句话来描述它，可以总结为"像 DSLR 一样方便使用，同时又兼具胶片魅力的好相机"。

04　松下 Lumix GF2
小巧轻便，可换镜头的微单相机。最新的机型可以连接 WIFI，随时分享到社交网站。GF2 是 2011 年上市的机型，还没有 WIFI 功能，但可以通过插入 WIFI SD 卡或连接 OTG 数据线来实现上网功能。

佳能 50mm f1.4 镜头
和人眼视角 46 度最为接近的 50mm 焦距，1：1 全画幅镜头。最大光圈 1.4，成像效果出众，非常适合人像或景物摄影。

佳能 24 ~ 70mm f2.8 镜头
入手 5D 后，感觉有必要配备一款变焦镜头，于是就买了这款 24 ~ 70mm 的镜头。确实如大家所说，"一旦拥有，别无所求"，实用的焦段和优质的画质让人爱不释手。要说缺点，除了价格小贵之外，机身也有些偏重，适合有目的性的外出拍摄。

全画幅或非全画幅

　　一般以胶片相机使用的 35mm 胶卷为标准，CCD 尺寸和 35mm 胶卷尺寸相同，比例为 1：1 的是全画幅（Full Frame Body）相机，比例为 1：1.6 或 1：1.5 的则是非全画幅（Crop Body）相机。简单来说，就是全画幅相机的视角比非全画幅的视角要大。

　　不同品牌、不同机型的相机，其性能和画质也是千差万别。而且每个人的喜好也不尽相同，有的人喜欢色彩鲜艳的成像效果，有的人则喜欢自然柔和的效果。以上介绍的相机和镜头只是我个人比较偏好的一些种类，仅供大家参考。各大品牌每年都在不断推出新品，但我们在选择时，不一定非要买最新款，而要找到最适合自己的。对于初学者来说，先用较低廉的价格买个二手单反相机练手，等技术熟练了，再买台好相机也不迟。

每次去旅行，我都要戴上胶片机。
旅行归来后，等待照片冲洗出来的日子总是充满着期待。

佳能 EOS 5，焦距 20mm，光圈 f1.8，Agfa Vista 400 胶卷

关于胶片机

买盒胶卷装在相机里，咔嚓咔嚓拍完后，就开始了"漫长"的等待。"不知道这次拍得怎么样呢？"的心情，相信大家都有所体会。现在的数码相机可以随拍随看，非常方便。但不知从何时起，我开始有些怀念等待胶卷冲洗出来之前那种充满期待的心情，以及胶卷相片带有颗粒感的自然成像效果。几年前，因为这个原因，我四处打听，最后买下了佳能 EOS 5。

这款相机的使用方法和普通单反相机一样，又兼具胶片机的魅力，成为我最爱用的相机之一。

佳能 EOS 5，焦距 20mm，光圈 f1.8，柯达 portra 160vc 彩色胶卷
佳能 EOS 5，焦距 20mm，光圈 f1.8，柯达 portra 160vc 彩色胶卷
佳能 EOS 5，佳能 50mm f1.4 镜头，Agfa 200 胶卷 / 焦距 20mm f1.8 柯达 100 胶卷

我的摄影记录是太郎和海兰的成长相册，
是先生的作品集，
也是我兴趣爱好和手工作品的日记。

用相机拍摄的照片，有时候不如实景好看，
有时候却比眼睛看到的要美几百倍。
但最重要的是，就算我们再努力也无法全部记住的那些过去的日子，
都可以通过照片留存下来，成为可以经常翻看的美好回忆。

兴趣的发现

九
———

TRAVEL

让普通的日子变得不一样 ｜ 旅　行

在泛着金光的海滩边玩沙
夜晚的雕塑公园
大海里的灯塔
篝火前的黑色白薯
在漂亮的小木屋里过夜

周日早晨的小公园
回到海边
看蓝色天空和朵朵白云
海水浴场里的阳光
柔软的细砂

短短的秋日两日游
却带回了那么多美好的回忆

孩子们一晚上都在讲大海的故事
讲着讲着就睡着了

旅行，是日常生活中的小"逗号"

3日2晚的大篷车之旅

湛蓝的东海，湛蓝的夜空

　　面前是湛蓝的大海，背后是白色的大篷车和绿色的松树，远处还有偶尔缓慢驶过的火车。海水微凉，但孩子们依然玩得很开心。觉得水凉了，就上岸堆沙子，或是把自己埋起来。休假季已经过去一半的8月，游客并没有想象的多。海风拂面，躺在长椅上，看着孩子们在脚边跑来跑去，对于当妈的人来说已经是难得的休息时刻。太阳开始落山，大海的颜色也逐渐变深，远处的灯塔闪烁，白色的月亮从大篷车后面升起……深邃的夜空，深邃的大海，我爱这风景，和一起欣赏风景的人……

望祥汽车露营度假村

望祥汽车露营度假村是汽车专用露营地，配有大篷车、房车等露营设施。参加大篷车旅行，就可以住在具有异国情调的大篷车里，面朝湛蓝的东海，度过一段快乐的休闲时光。东海市有10个大篷车直营地，Goodweekend 和 Feelife 公司还有 70 辆大篷车作为配套设施使用。成为 Feelife 会员后，价格上可得到一定的优惠。以下是公司网址，注意必须先预约才可前往。

望祥汽车露营度假村官网：www.campingkorea.or.kr
Feelife 官网：www.feelife.co.kr

6日5晚的南道之旅

漫步在顺天和宝城

内心一直渴望过"慢生活",但现实中似乎很难做到,就连旅行也是步履匆忙。然而有一年夏天,在回老家的路上绕道顺天和宝城度过的6日5晚,却是我印象中最为悠闲的一次出游!因为整个行程只有一个内容——行走。在广袤的、如波浪般摇曳的芦苇丛中漫步;登上龙山瞭望台,幸运地看到了美得让人窒息的落日;游走在宝城茶园,茶香扑鼻,清风阵阵……

之前在电视广告和各种节目中早就见过南道的怡人风光,还担心会不会没了惊喜。来了才知道,南道的美既美的耀眼,又值得细细品味。

01-02　顺天乐安邑城

朝鲜时代中期建造的村庄，现在还有100余名村民居住在城内。在村庄的各个角落，都有能原汁原味体验到旧时韩国生活风貌的民俗活动。登上长约1.4公里的城墙，可以饱览村庄的全貌，几百座茅草屋尽收眼底。在城墙上漫步，欣赏美景的同时，似乎也能感受到先人们当时宁静的生活状态，内心也随之平静不少。这里也适合和孩子们一起闲逛。

地　　址：全罗南道顺天市乐安面南内里忠民路30号
电　　话：061-749-9931
开放时间：09:00 ~ 18:30（根据季节变化），全年无休
票　　价：成人2000韩元，青少年1500韩元，儿童1000韩元

03-04　宝城绿茶园

宝城郡宝城邑一带有着大量茶园，其中最著名的、经常在各种广告中出现的就是大韩茶园。随山形而建的大韩茶园不但种茶面积大，入口处的两排参天的杉树也是一道不容错过的美景。

地　　址：全罗南道宝城郡宝城邑绿茶路763-67（大韩茶园）
电　　话：061-852-4540
开放时间：09:00 ~ 19:00（冬季到18:00）
票　　价：成人3000韩元，青少年和儿童2000韩元

05-06　顺天湾芦苇丛

顺天湾芦苇丛位于顺天湾自然生态公园的广阔湿地内。沿着木栈道慢慢前行，身边是一望无垠的芦苇丛，远处是碧蓝的天空和朵朵白云，如果遇到太阳落山，便是绝佳的风景。带孩子来玩的话可以尝试搭乘船或火车的游玩项目。

07　龙山瞭望台的落日

站在瞭望台上，不仅可以观赏到顺天湾的S形水路、泥潭和芦苇，还能欣赏美丽的落日。如果去顺天湾，必须要去龙山瞭望台看落日！

地　　址：全罗南道顺天市顺天湾路513-25（顺天湾自然生态公园）
电　　话：061-749-4007
开放时间：08:00 ~ 日落（根据季节变化）
票　　价：成人5000韩元，青少年3000韩元，儿童2000韩元

在慢城（Slowcity）度过的 2 日 1 晚既短又长

曾岛

　　曾岛，全罗南道新安郡大小岛屿中的一员，因被命名为"慢城"而愈加闻名。早就想去岛上旅行，这次终于抽出了两天的时间。先经过新开通的曾岛大桥，再驶过跨海大桥，就能看到大片的椰子树和美丽的羽田海水浴场了。洁白的沙滩，碧蓝的大海，还有茂密的松树林，仿佛置身于国外某个海岛。退潮的时候可以捡些贝壳，涨潮就接着玩水。黄昏时，还可以迎着清爽的海风在松树林中漫步。这次我没有预约酒店，因为海水浴场旁边的树林中就有许多出租蒙古帐篷的地方，小睡一晚也完全没有问题。夜晚的大海并没有想象中的宁静，但也是一次难得的体验。

曾岛

租赁一个蒙古帐篷（可住4人）大约需要3万韩元，另有一万元保证金。退房时，只要能把帐篷打扫干净，垃圾全部带走，保证金只会扣除1000韩元，剩余的全部返还（据说旺季时因游客太多导致垃圾大量堆积，所以有了这个对策）。使用时间从下午2：00算起，到第二天上午11：00。喜欢露营的朋友也可以自己带帐篷来，这里也有支帐篷的地方。来之前可在官网上预定。
www.jeung-do.com

太平盐田

太平盐田是韩国规模最大的单一盐田，面积达400余万平方米。盐田内有盐田博物馆和盐餐厅，可以和孩子们一起体验各种关于盐的活动。

花岛

从曾岛出发，沿着一条狭长的通路，就能走到花岛。因作为电影《谢谢你》的拍摄外营地而出名，不过就像人们常说的"希望越大失望越大"，奉劝大家去游玩还是不要抱太大希望的好！和村子相比，通往村子的小路更值得走一走。

高敞郡鹤园农场禅云寺

  每到大麦开始泛绿的时候,我就会回到老家。今年回来得晚了些,大麦已经变得金灿灿了。春天,这里是一望无垠的绿色;秋天,同样的地方长出荞麦花,又变得一片雪白。这就是我的故乡——高敞。坐落在鹤园农场的禅云寺也有着令人着迷的四季风景。每到春天,山茶花盛开,像一道道美丽的屏风装点着寺院;秋天,曼珠沙华开得正旺,枫叶正红,又是赏花好时节。

春天,麦子在慢慢成熟;秋天,白色的荞麦花漫天飞舞
一年四季散发着不同的美,这就是我的故乡高敞

4月　红色山茶花在禅云寺盛开
4~5月　麦子开始成熟
9月　原本长麦子的地方变成了大片的白色荞麦花
9月　山茶花凋落,曼珠沙华盛开
10月　到处弥漫着淡淡菊花香
11月　禅云寺火红的枫叶

在树荫下休息乘凉的我向着镜头
伸出了一束花。

收到高敞鹤园农场送给我的一大束三叶草。

01-03　禅云寺
坐落在禅云山北侧山脊的禅云寺,是百济时代建造的千年古刹。有着500年树龄的山茶树是禅云寺的象征,每到4月,红色的山茶花盛开,甚是壮观。不知道是不是掉落的红色花朵渗透进了土地,到了9、10月份,禅云寺周围又会开出许多曼珠沙华,也是火红的一片。而到了11月,枫树也慢慢变红了。在冬日暖阳下静静地欣赏红叶,真是一种享受。
地址:全罗北道高敞郡雅山面禅云寺路250　**电话:**063-561-1422

04-05　高敞鹤园农场
面积达3万平方米,是韩国国内最大的观光农场。春天(4~5月)有麦田,夏天(7~8月)有向日葵,秋天(9~10月)有白色荞麦花,每个季节都会举办相应的庆祝活动,详情可参考官网。最近这里成了摄影爱好者的拍摄圣地。
地址:全罗北道高敞郡孔音面鹤园农场路158-6　**电话:**063-564-9897
网址:www.borinara.co.kr

06-07　高敞菊花园
比起菊花园,菊花村这个称呼更有名。每到秋天,家家户户的院子里都盛开着各种各样的菊花,村民们也整天喜气洋洋的。院墙边不但有菊花,墙上还写有一首首与菊花有关的诗,非常有情调。徐廷柱诗人的故居和博物馆就坐落在村子不远处。每年秋天(10月~11月初)这里都会举办菊花节,真是名副其实的"菊花村"。
地址:全罗北道高敞郡抚安面松岘里500　**网址:**www.gcgukhwa.co.kr

又脏又乱但离开后马上就会想念的地方

你好，印度！

2008，2012，2013

　　姐姐一家突然举家迁往印度生活，父亲因担心和思念而整整哭了一个星期。为了见到姐姐，我带着爸爸第一次来到印度，那是 2008 年。后来，不知是偶然还是必然，我把儿子太郎送到印度留学，因此就有了几次说是旅行又不是旅行的印度之行。

　　从早到晚充斥在身边的各种噪音、污染的空气、灰尘，以及走到哪儿都人挤人——这就是印度！

　　然而这里又是我爱的姐姐和儿子在的地方，所以我也会常常想念它。

像印度人一样生活

15天的印度之行,

一周是旅行,

另一周,我打算像当地人一样生活。

去花市买花,逛菜市场,去书店挑选和兴趣爱好有关的书籍,在街上喝奶茶……

总之,我想和印度拉近距离。

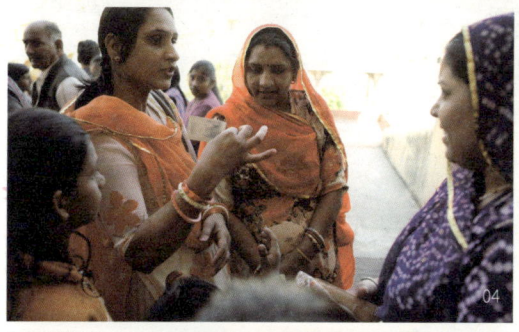

01　水果市场里的少年。光着脚不疼吗？
02　花市里敲鼓的大叔。欢快的鼓声让人不由自主地晃动起来。
03　印度各州的"摩的"颜色各不相同。
04　爱拍照的印度人。用拍立得拍了一张合影后等待显影的女孩子们。
05　印度花市里堆得到处都是的红色金盏花。串起来的金盏花一般用作印度教寺庙里献花使用。
06　印度有名的奶茶。印度的卫生状况令人担心，想挑战一把需要很大的勇气。闭着眼喝下去，居然味道不错！
07　连挑食的太郎也喜欢的街头小吃——炸土豆片（当然也带有浓郁的印度香料味儿）。

印度本地市场

不管去哪个国家,逛市场都是一件有趣的事。但在印度逛市场我却有些胆怯。因为印度市场里很少有游客进入,所以几乎所有人的目光都会向你投射过来,心里不免有些发毛。不过仔细想想,这种恐惧更多是个人心理在作祟。于是,为了掩饰恐惧,我常常拿起相机拍照,通过镜头观察他们。没想到从镜头中,我看到了一张张羞涩的笑脸,和故意摆着姿势让你拍照的小摊贩。我回应着这些好意,他们就会立刻搭话,问你从哪个国家来,有没有想买的东西。也许已经结婚、生子,或是一家之主的他们一开始会开个高价,不过砍价也很容易,不一会儿就会降到当地人的水平了。

其实哪里都一样!

"只看好的方面,
只往好处去想,那就没什么好怕的了。
有糟糕事发生,到时候再想不迟。"
——村上春树《再袭面包店》

在花店工作的女孩大都美丽动人,手捧花束的男孩大都英俊帅气。路边的花儿是那么的香,愿你的人生也处处充满香气。

印度旅行中的一次印度旅行

2008 寻找教科书中的古迹
2012 从浦那到德里的北印度之行
2013 寻找他们的乐园之南印度旅行

01　**阿旃陀石窟（Ajanta Caves）**　位于马哈拉斯特拉邦西北部，始凿于公元前2世纪，是一座佛教石窟群。石窟内的绘画和雕塑展现当时印度的风俗和佛教文化，是重要的世界文化遗产。

02　**埃洛拉石窟（Ellora Caves）**　位于阿旃陀石窟东北100公里处。长达两公里的山壁上开凿出了34座寺庙和修道院，既有佛教，也有印度教和耆那教的宗教建筑，令人叹为观止。

03　**比比卡巴格巴拉陵（Bibi Ka Maqbara）**　被称为"穷人的泰姬陵"，是莫卧儿王朝第六代皇帝奥朗则布为纪念第一嫔妃建造的陵墓。原本按照泰姬玛哈陵大小建造，后因经费不足，只好缩小规模，因此又被称为"小泰姬陵"。虽然远不及泰姬陵辉煌，但远望起来还是有几分相似。爱妻之心同样令人感动。

04　**贾玛清真寺（Jama Masjid）**　贾玛清真寺位于德里，是印度最大规模的伊斯兰寺庙。它由建造泰姬陵的莫卧儿帝国第五代皇帝沙贾汗下令建造，能容纳两万五千名信徒。

05　**古达明纳塔（Qutb Minar）**　世界物质文化遗产之一，位于印度德里，是13世纪印度的第一位穆斯林统治者特布丁·艾伊拜克击败印度教后为了庆祝胜利而建造的纪念碑。纪念碑为塔结构，高72.5米，直径达14.32米（顶端缩窄为2.72米），共有5层。

旅　行　｜　171

焦特普尔（Jodhpur）

焦特普尔因电影《寻找金钟旭》而被大家所知。站在焦特普尔中心梅兰加尔堡上眺望全城，亮丽的蓝色一定会让你感到震撼！好像自己也变成了电影的主人公。传说很久以前，婆罗门种姓为了显示自己的身份和尊贵地位，便将房屋的外墙涂成了蓝色。不过站在这一片美丽的蓝色海洋前，谁还会想起这个不太体面的由来呢？

01 焦特普尔和梅兰加尔古堡（Meherangarh Fort）

焦特普尔位于印度西北部拉贾斯坦邦，塔尔沙漠的入口处。整个城市被长约10公里的城墙环绕。梅兰加尔古堡坐落在市中心，屹立于高122米的巨崖上。为了抵御外敌入侵而建造的古堡，其城墙就有36米之高。山崖本就高，先爬上山崖再爬上古堡就更不容易了，但当你站在上面俯瞰整个蓝色城市时，之前的辛苦就会被遗忘得一干二净。电影《寻找金钟旭》使得近期韩国游客人数猛增，已经可以租到韩文导游机了。

02 红粉之城斋普尔（Jaipur）

斋普尔是拉贾斯坦邦的首都，1728年辛格二世下令兴建并将它作为首府。斋普尔有7座城门，风宫是其主要代表建筑。1879年，为了欢迎英国爱德华七世访问斋普尔，辛格二世特意下令将整个城市涂成粉红色，这种颜色一直延续到了现在。

03 喀拉拉船屋（Karala,Houseboat）

喀拉拉邦河流纵横，有着便利的水陆交通。这里的船屋非常有名。顾名思义，船屋就是建造在船上的房屋，现在演变成招揽游客住宿的场所。既有类似当地原住民居住的简易船屋，也有不亚于星级酒店的豪华船屋，价格也是千差万别。不但可以解决住宿问题，店家还提供一日三餐和蔬果、茶，甚至还会带领你在村子里游玩一番。你可以选择2日1晚或3日2晚的行程，是南印度比较特别的旅行方式。

04 科瓦拉姆海滩（Kovalam Beach）

海滩位于喀拉拉邦最南边，最初是由英国人开发建造的海边疗养地。现在岸边建有各种高级度假村和娱乐疗养设施，已成为印度最佳的疗养城市。海边有着大片的椰子树林，据说平日里洁白的沙滩在台风期会变成黑色。

05 柯钦堡（Fort Kochin）

喀拉拉邦的港口小城。城内的主干道公主街两旁建有中世纪欧洲风格的酒店和咖啡馆，来南印度旅游的游客不妨在这里歇歇脚。"没看过卡塔卡利舞就不算来过科钦堡"，印度传统默剧演出每天都在这里上演。

01-02　印度金奈是耶稣的十二使徒之一圣多马的殉教地。在多种宗教并存的印度土地上，教堂比比皆是。在高处俯瞰金奈，可以看到很多耶稣和圣多马的雕像以及十字架。

03-04　在喀拉拉船屋上度过的一晚。船屋顺着水路无目的地前行，我就这样躺着，享受着难得的自由和放松。

05-06　旅游书上分明写着科瓦拉姆海滩是欧洲人最为喜爱的印度疗养胜地，然而圣诞节时也只有当地人在尽情地游玩。当然印度人在印度土地上享受也是理所当然的……

07　科钦堡港口入口处架起的巨大中国式渔网。渔网在过去是赖以生存的工具，现在成了招揽游客的设施。据说现在也是科钦堡的著名景点之一。

08-09　走在科钦堡的公主街上，到处都是异国风情的建筑和商店，让人有种身在欧洲的错觉。特意找到这家名叫Tea Pot的咖啡馆，确实是歇脚的好去处。

面对异国的陌生人，
不免露出警惕的眼神，
然而一旦面对镜头，
便会羞涩地摆出姿势让你拍照，
眼神也变得清澈而单纯。
脏乱的环境让人皱眉，
但辉煌绚丽的遗址建筑又让人叹为观止。
这就是印度。

再见，印度！

归来

为了归来而再次启程的旅行，
旅行中的美好回忆成为我再出发的动力，永不停止。

人的双手可以创造出无穷无尽的作品。
我就是一个对任何手工制品都充满好奇的家庭妇女。

闲时光好书推荐

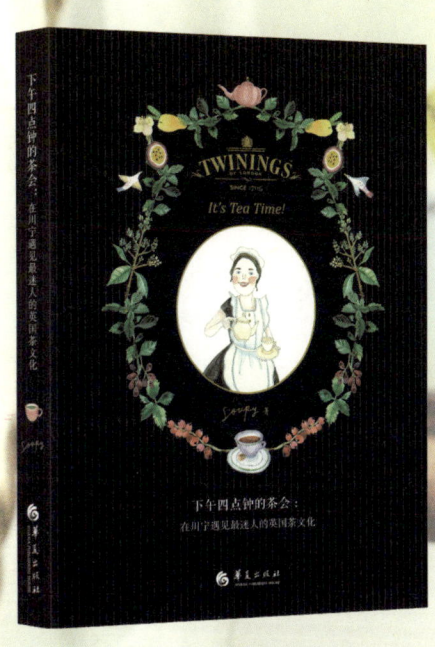

调香手记
55种天然香料萃取实录

下午四点钟的茶会
在川宁遇见最迷人的英国茶文化

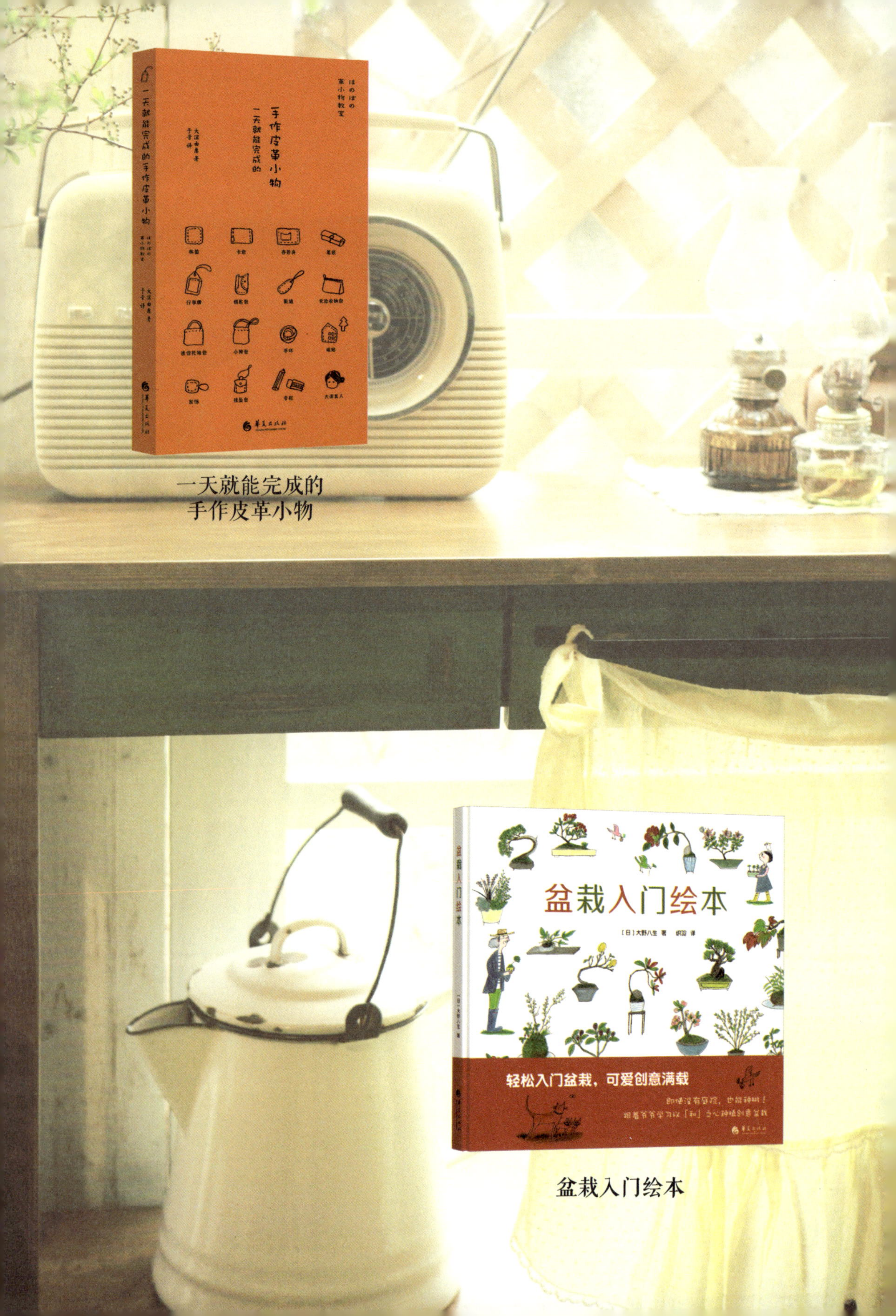

手作皮革小物
一天就能完成的
一天就能完成的手作皮革小物
盆栽入门绘本
轻松入门盆栽，可爱创意满载
一天就能完成的
手作皮革小物
盆栽入门绘本